Orchideen, Bromelien und Farne für das Tropenterrarium

von

Benjamin und Wolfgang Schwarz

Terrarien NTV Bibliothek
Natur und Tier - Verlag

Bildnachweis Umschlag
Titelbild: Ausschnitt aus einem Regenwaldterrarium
Umschlagrückseite: Oben: *Phalaenopsis bastiani*; Mitte: *Guzmania sanguinea*; Unten: *Hemionitis avifolia*
Fotos: B. & W. Schwarz

Die in diesem Buch enthaltenen Angaben, Ergebnisse, Dosierungsanleitungen etc. wurden von den Autoren nach bestem Wissen erstellt und sorgfältig überprüft. Da inhaltliche Fehler trotzdem nicht völlig auszuschließen sind, erfolgen diese Angaben ohne jegliche Verpflichtung des Verlages oder der Autoren. Beide übernehmen daher keine Haftung für etwaige inhaltliche Unrichtigkeiten.

4. Auflage 2022

ISBN 978-3-931587-52-9

Geschäftsführer: Matthias Schmidt
An der Kleimannbrücke 39/41, 48157 Münster
Lektorat: Kriton Kunz & Heiko Werning
Layout: Ludger Hogeback
Druck: Pario Print, Krakau

Inhaltsverzeichnis

Vorwort

Der stetige Trend in der Terraristik hin zu immer größeren, technisch perfekt funktionierenden Tropenterrarien hat uns dazu bewogen, auch einmal etwas für die Pflanzenliebhaber unter den Terrarianern zu schreiben. Wir hoffen, dass Sie den einen oder anderen Kulturtipp positiv nutzen können, um die häufig in der Anfangsphase auftretenden Fehler so gering wie möglich zu halten und Verluste von Pflanzen zu vermeiden.
Für diejenigen, deren Daumen eine leicht „grüne“ Farbe angenommen hat, möchten wir ein kleines Nachschlagewerk bieten. Durch die Nahaufnahmen ist es Ihnen möglich, die jeweiligen Pflanzen ohne große Probleme zu erkennen, sodass geeignete Kulturbedingungen geschaffen werden können.
Um besondere Aufmerksamkeit bitten wir bei den Kapiteln „Die Wachstumsfaktoren“, „Lichttechnische Grundbegriffe“ und „Die Beleuchtungsmittel“, da Fehler auf diesen Gebieten mit Abstand für die meisten Misserfolge bei der Pflege von Pflanzen verantwortlich sind.
Der technische Teil bietet einen Grundkurs in der Terrarientechnik und vermittelt die notwendigen Kenntnisse auch dem Anfänger – er erhebt also keineswegs Anspruch auf Vollständigkeit.
Natürlich könnte der Artenteil noch um einige hundert Arten ergänzt werden, was jedoch den Rahmen dieses Buches sprengen würde. Deshalb wird im Anhang auf spezielle Fachliteratur zu den einzelnen Pflanzengruppen hingewiesen.
Die Taxonomie der vorgestellten Pflanzen ist häufigen Änderungen ausgesetzt, und es ist angesichts moderner genetischer und molekularbiologischer Methoden mit einer Fülle an Erkenntnissen zu rechnen, die weitere Umstellungen nötig machen werden. Für den Liebhaber jedoch sind solche Fragestellungen eher zweitrangig. Wir folgen daher in diesem Buch nicht allen Neuerungen, sondern halten an Artnamen fest, die sicher den meisten Pflanzenfreunden besser bekannt sind. Wo es uns nötig erscheint, weisen wir aber im Einzelfall auf systematische Varianten hin.
Besonders danken möchten wir Lisa, die den enormen Zeitaufwand beim Verfassen des Buches mitgetragen hat, Karl-Heinz Kahlert, Marl, für einige hervorragende Fotos, Günther Zely, Gladbeck, für die Erlaubnis, seine *Phalaenopsis*-Orchideen fotografieren zu dürfen, Dirk Löhmann, Lübeck, für den gelungenen Beitrag „Bau eines künstlichen Wasserfalls aus Styropor“, sowie Peter Nowark, Bocholt, und Dr. Achim Breuer, Korschenbroich, die uns ihre Terrarien für Fotografien zur Verfügung gestellt haben. Unser Dank gilt auch dem Natur und Tier - Verlag für die gute Zusammenarbeit. Für die kritische Durchsicht des Manuskripts möchten wir dem Lektorat danken, besonders Kriton Kunz.

Einleitung

Bereits der Titel dieses Buches deutet an, dass Orchideen, Bromelien und Farne nicht nur in Gewächshäusern botanischer Gärten gepflegt werden können, sondern auch in Paludarien und Tropenterrarien oder sogar Vitrinen.
Die weit verbreitete Ansicht vieler Pflanzenfreunde, insbesondere Orchideen seien schwierig, kompliziert und nur mit hohem technischem Aufwand zu pflegende Arten, möchten wir entkräften und mehr Mut und Kreativität bei der Einrichtung von Paludarien und Feuchtraumterrarien anregen.
Wir beschränken uns bei der Auswahl der vorgestellten Arten auf solche Pflanzen, die unserer Erfahrung nach relativ einfach zu pflegen sind, attraktive, wenn auch häufig kleine Blüten besitzen, und in ihrer Erscheinung auch blütenlos wie eine Skulptur erscheinen.
Bewusst verzichten wir auf detaillierte botanische Beschreibungen (z. B. des genauen Blütenaufbaus), denn Hauptinhalt dieses Buches sind Kultur und Pflege von Epiphyten in geschlossenen Glasvitrinen, Paludarien und Feuchtraumterrarien.
Jeder, der Terrarientiere pflegt und sich um artgerechte Haltung bemüht, weiß, dass Reptilien und Amphibien oft in sehr enger Beziehung zur Pflanzenwelt stehen und sie teilweise sogar zum Überleben brauchen: Man denke nur an die Dendrobatiden, die ihre Eier in den wassergefüllten Blatttrichtern von Bromelien ablegen. Die Kombination Reptilien – Amphibien – Pflanzen bezieht sich in erster Linie auf kleinere Arten wie z. B. Phelsumen und andere Geckos, Anolis, boden- und baumbewohnende Frösche (z. B. Dendrobatiden) und Kröten. Aber auch die Terrarien größerer Arten lassen sich durch eine ansprechende Bepflanzung – eventuell außerhalb der Reichweite der Tiere – erheblich attraktiver gestalten. Ein schöner Farn oder eine Bromelie können eine sinnvolle und hübsche Ergänzung der Gestaltung und Einrichtung eines Terrariums sein und sollten schon deshalb nicht fehlen.
Wer seinen Terrarientieren eine nicht nur „sterile" Umgebung (für die Vermehrung oft vielleicht einfacher) schaffen möchte, sollte jetzt weiterlesen, um Orchideen, Bromelien und Farne als attraktive Ergänzung seines Hobbys erfolgreich pflegen zu lernen.

Viele der hier vorgestellten Pflanzen werden von uns in Paludarien, Feuchtraumterrarien und im Gewächshaus kultiviert. Die Informationen über Pflegehinweise spiegeln daher großteils unsere eigenen Erfahrungen wider.

Die tropischen Vegetationszonen

Bei der Einrichtung eines Terrariums ist es wichtig, möglichst genau die natürlichen klimatischen Verhältnisse und die Lebensbedingungen der zu pflegenden Pflanzen und Tiere zu kennen, um sie auf einen künstlich erstellten Bereich annähernd übertragen zu können.

Der tropische Regenwald erstreckt sich von etwa 10° nördlich bis 10° südlich des Äquators und zeichnet sich durch geringe jahreszeitliche Temperaturschwankungen sowie insgesamt hohe Niederschlagsmengen aus.

Die Pflanzen finden im tropischen Regenwald optimale Bedingungen, was ein dauerndes Wachstum ermöglicht. Deshalb ist das Artenspektrum im Bereich der tropischen Zone auch das vielfältigste der gesamten Erde. Der Tieflandregenwald im Gebiet des Amazonas z. B. besitzt die artenreichsten Pflanzenformationen unseres Planeten.

Das Klima in Regenwaldgebieten wird normalerweise unterteilt in niederschlagsreiche Regen- und niederschlagsärmere Trockenzeiten. Die Regenzeiten variieren von Kontinent zu Kontinent und sind unter anderem stark von Monsun- und Passatwinden abhängig.

Die Temperaturschwankungen sind, wie erwähnt, im Jahresmittel gering und betragen nur etwa 2–4 °C.

Die Tagestemperaturen erreichen 28–31 °C, nachts kühlt es auf 24–26 °C ab. Selten fällt die Temperatur auf Werte um oder unter 20 °C. Die Luftfeuchtigkeit beträgt während des Tages im Durchschnitt 60–80 und nachts bei häufiger Nebelbildung 90–100 %.

Diese Werte sind aber natürlich nicht absolut zu verstehen, sondern hängen von Regen,

Ausschnitt aus einem Tropenterrarium Foto: D. Löhmann

Komplett eingerichtetes Tropenterrarium

Pflanzengemeinschaft in einem unteren Bergwald Costa Ricas

Wind und Sonneneinstrahlung ab. Tage ohne jegliche Regenfälle sind selbst während der Regenzeit durchaus möglich, und bei starker Sonneneinstrahlung sinkt die relative Luftfeuchtigkeit in Höhe der Baumkronen auf 30–40 %. Die Nacht gleicht dadurch entstehende Defizite jedoch schnell aus, und eine wasserdampfgesättigte Atmosphäre sorgt für das Wohlbefinden der Pflanzen und Tiere.
Der Tag beginnt etwa um 6.00 Uhr morgens mit angenehmen 23–24 °C. Erscheint jedoch die Sonne und vertreibt den Nebel, erreichen die Temperaturen innerhalb von 2–3 Stunden 26–28 °C bei 80 % relativer Luftfeuchtigkeit, und es wird für den Menschen fast unerträglich schwül. Gegen Mittag ist es zwar heiß, aber nicht mehr ganz so feucht. Am frühen Nachmittag ertönt dann oft das erste Grollen, und kurze Zeit später prasselt ein Gewitterregen auf die heiße Erde. Das ganze Schauspiel dauert nicht lange, und die mit Wasserdampf gesättigte Luft lässt den Menschen schwer, die Pflanzen aber leicht atmen. Gegen 19.00 Uhr ist die Sonne untergegangen und es wird angenehmer.
Die Bergregionen in den Tropen bringen oft eine noch größere Artenvielfalt hervor, wobei die Epiphyten den „ersten Platz“ belegen. Die Bergregenwälder und Nebelwälder beginnen in einer Höhe von 800–1600 m ü. NN und erstrecken sich bis in Lagen von 1800–3500 m ü. NN. Je nach Höhenlage steigt die relative Luftfeuchtigkeit bei gleichzeitig abnehmenden Temperaturen. Die von uns gemessenen Temperaturen am Tage in verschiedenen Regionen Mittelamerikas lagen beispielsweise bei 23–27 °C in 1200– 1400 m, 20–24 °C in 1600–1700 m, 18–22 °C in 1800–1900 m, 15–20 °C in 2000–2300 m und 12–14 °C in 2400–2800 m ü. NN. Nachts sank die Temperatur im Durchschnitt um 4–7 °C bei zunehmender Luftfeuchtigkeit.
Für die Entwicklung der Pflanzen ist die Tageslichtlänge ein wichtiger Faktor; sie beträgt in den Tropen das Jahr hindurch konstant etwa zwölf Stunden.

Die Epiphyten

(griech. epi = auf, phyton = Pflanze)

Die Bepflanzung eines Feuchtterrariums besteht oftmals überwiegend aus Pflanzengemeinschaften, die allgemein als Epiphyten (Aufsitzerpflanzen) bezeichnet werden.
Die drei Hauptgruppen sind Orchideen, Farne und Bromelien.
Epiphyten sind Pflanzen, die andere Pflanzen nur als Unterlage benutzen, um z. B. in den Genuss höherer Lichtintensität zu gelangen – es handelt sich also keineswegs um Parasiten.
Voraussetzungen für ein üppiges Wachstum sind u. a. häufige Benetzung mit Wasser und hohe Luftfeuchtigkeit. Epiphyten sind durch diese mikroklimatischen Bedingungen in der Lage, auch auf kahler Borke ohne jegliches Substrat zu gedeihen. Natürlich ist durch diesen Umstand die Versorgung mit Nährstoffen stark beeinträchtigt, da der Wurzelkontakt zum Bodengrund fehlt.

Epiphytische Farne

Vor allem viele Farne sind in der Lage, organisches Material aufzufangen, das durch Verrotten in den Nischenblättern (z. B. beim Nestfarn) eine Humusschicht bildet und so die Versorgung mit anorganischen Stoffen sicherstellt, die mit Hilfe des Chlorophylls per Photosynthese wiederum in organische Nährstoffe umgebaut werden.
Bromelien sammeln in ihren Blatttrichtern das Regenwasser (Phytotelma) und bieten damit z. B. vielerlei Insekten und Amphibien einen Lebensraum, wodurch auch die Pflanze profitiert, weil sie von den Ausscheidungen der Tiere „gedüngt" wird. Die Lebensgemeinschaft in den „Miniseen" der Blattachseln hat sogar einen eigenen Namen: „Phytotelmon".
Epiphytische Farne sind häufig in den unteren Bereichen der Bäume zu finden, da sie von allen Epiphyten die geringste Lichtintensität sowie den höchsten Feuchtigkeitsgrad für ein üppiges Wachstum benötigen. Je höher ein Epiphyt am Baum oder Ast wächst, desto mehr muss die Pflanze in der Lage sein, größere Schwankungen der Luftfeuchtigkeit und kurzzeitiges Abtrocknen ohne Schaden zu überstehen. Daran angepasst sind z. B. Orchideen mit ihren speziellen Speicherorganen (für Wasser, aber auch für Nährstoffe), mit deren Hilfe sie selbst relativ lange andauernde Trockenperioden gut überstehen.
Die lichthungrigsten Epiphyten sind die Bromelien, die auch intensive Sonneneinstrahlung und die damit verbundene reduzierte Luftfeuchtigkeit gut überstehen. Weil sie mit starker Sonneneinstrahlung und Abtrocknen gut zurecht kommen, können sie selbst die höchsten Baumkronen besiedeln.
Epiphyten sind mittels ihrer staubfeinen Samen (Orchideen), winzigen Sporen (Farne) oder Samenkörner mit Flugkörper (Bromelien) befähigt, sich vom Wind in alle Höhenstufen des Regenwaldes tragen zu lassen und dort bei geeigneten Bedingungen zu keimen.

Die Wachstumsfaktoren: Licht, Temperatur, Wasser, Luftfeuchtigkeit

Lichtmenge, Temperatur, Wasserangebot und Luftfeuchtigkeit sind die entscheidenden Faktoren, die über Erfolg oder Misserfolg bei der Pflege von Orchideen, Farnen und Bromelien entscheiden.
Ein optimales Zusammenspiel dieser drei Faktoren ist notwendig, um unnötige Ausfälle zu vermeiden: Zu reichliches Gießen, vielleicht sogar mit ungeeignetem Wasser, kombiniert mit zu wenig Licht lässt die Pflanzen in kurzer Zeit verfaulen. Hohe Temperaturen und geringe Luftfeuchtigkeit dagegen verursachen ein schnelles Vertrocknen der Luftwurzeln bei Orchideen und das Eintrocknen von Farnwedeln. Ein Farn, der am Naturstandort in 2000 m ü. NN wächst, würde bei Temperaturen von 30 °C nach kurzer Zeit absterben. Orchideen, die in Tieflandregenwäldern gedeihen, mögen auf Dauer keine niedrigen Temperaturen in Kombination mit häufiger Beregnung. Bromelien, die nur mit Leitungswasser gegossen werden, zeigen trotz ihrer Robustheit unerwünschte Reaktionen, wollen beispielsweise einfach nicht weiterwachsen.
Epiphyten sind im Allgemeinen sehr „tolerant“ und anpassungsfähig, verzeihen jedoch gravierende Kulturfehler nicht und sterben dann langsam und zunächst unmerklich ab. Das muss nicht sein!

Das Licht:
Eine der wichtigsten Voraussetzungen und gewissermaßen „Existenzgrundlage“ der Pflanzen auf unserem Planeten ist das Licht. Nur wenige Samen sind in der Lage, ohne Licht die ersten Blätter voll auszubilden. Normales Pflanzenwachstum ohne Licht ist kaum denkbar. Jedoch haben sich die Pflanzen im Verlauf der Evolution den unterschiedlichsten Lichtverhältnissen angepasst, um optimal im Kampf ums Überleben ausgerüstet zu sein.

Natürlicher Lichteinfall an einem Bachlauf

Sonnenflecken auf dem Urwaldboden

Pflanzen, die über einen längeren Zeitpunkt starker Lichteinstrahlung durch die Sonne ausgesetzt sind, schützen sich, indem sie derbes Blattwerk entwickeln oder ihre Blätter lediglich als Dornen ausbilden, wie es z. B. bei Kakteen der Fall ist. Auch viele andere Pflanzen reduzieren ihre Blattoberfläche (harte, schmale oder nadelartige Blätter), um Verbrennungen und zu schnelles Verdunsten von Wasser zu verhindern. Das Blattwerk einer Pflanze ist häufig ein sicherer Indikator, der uns den bevorzugten Standort in Bezug auf die Lichtmenge verrät.

Bromelien gedeihen je nach Art an hellen bis sehr hellen, Orchideen dagegen an schattigen bis hellen Standorten ohne direkte Sonneneinstrahlung. Farne schließlich stellen je nach Spezies sehr unterschiedliche Ansprüche von stark schattig bis hell.

Um die Lichtbedürfnisse der drei Pflanzengruppen besser zu verstehen, stellen wir uns ein Haus mit drei Stockwerken vor. Die oberste Etage bewohnen die Bromelien, die mittlere die Orchideen und das Erdgeschoss die Farne.

Die Bewohner der untersten Etage bilden häufig eine Wohngemeinschaft mit der mittleren, weil sie sich ausgezeichnet „verstehen“ und „harmonieren“.

Wer – wie die Bromelien – auf der Sonnenseite der obersten Etage lebt, hat allerdings auch den höchsten Mietzins zu zahlen, der dort etwa 8000–130.000 Lux beträgt, je nach Wohnlage. (Unsere „Währung“ Lux ist die Beleuchtungsstärke, die die Pflanzen erhalten.) Orchideen sind anspruchsloser und zahlen nur zwischen 3000–20.000 Lux. Allerdings sind auch einige Bewohner der obersten Etage hin und wieder weiter unten anzutreffen, wenn sie den Mietzins nicht bezahlen können. Sozusagen „alle Preise in bevorzugter Weise am Naturstandort“. Wenn wir die Luxstärken hier als „Mietzins“ bezeichnen, weil u. a. Verbrennungsgefahr und Austrocknung drohen, so bedeutet andererseits „viel Licht“ natürlich auch günstige Voraussetzungen für die Photoysnthese – ein Balanceakt zwischen Nutzen und Risiken also.

Das Spektrum der Pflanzenstandorte ist in der Natur ungeheuer groß. So gedeihen Bromelien in der prallen Sonne auf den höchsten Baumwipfeln, andererseits aber auch an schattigen, geschützten Stellen. Orchideen und Farne finden sich häufig an hellen Standorten, besiedeln jedoch andererseits oft so schattige Plätze, dass man kaum glauben kann, dass das spärliche Licht überhaupt noch ausreicht, die Pflanzen überleben zu lassen.

Pflanzen sind imstande, die gasförmigen Bestandteile der Luft (Sauerstoff, Kohlendioxid, z. T. Stickstoff) aufzunehmen und vor allem im Fall von Kohlendioxid (CO_2) in ihre organische Substanz einzubauen, sie zu assimilieren, für sich verwendbar zu machen. Diese „Nutzbarmachung“ funktioniert jedoch nur bei ausreichend Licht. Der Vorgang, bei dem Pflanzen „Nahrung“, also organische Verbindungen, mit Hilfe von Lichtenergie und anorganischen Verbindungen (Kohlendioxid, Wasser, Mineralsalze) selbst erzeugen, wird als Photosynthese bezeichnet (griech. phos bzw. phaos = Licht). Das Blattgrün (Chlorophyll) hat die Aufgabe, die Lichtenergie zu absorbieren, mit deren Hilfe die Pflanze die anorganischen Moleküle in organische Stoffe umwandelt.

Die Temperatur

Das Wohlbefinden der Pflanzen und Tiere eines Tropenterrariums hängt natürlich auch von der Umgebungstemperatur ab. Wichtig für die Pflanzen ist eine deutliche Temperaturdifferenz zwischen Tag und Nacht, um die Bedingungen des natürlichen Standorts so weit wie möglich nachzuahmen. Ein Tropenterrarium, das im Tagesmittel auf eine Temperatur von etwa 25 °C erwärmt wird, sollte nachts auf ca. 20 °C abkühlen (ca. 5–6 °C Nachtabsenkung).

Da warme Luft aufsteigt, entstehen im oberen Teil eines Tropenterrariums häufig unerwünscht hohe Temperaturen. Misst man die Temperatur rund 30 cm unterhalb des Beleuchtungsmittels und vergleicht sie mit der im unteren Teil des Terrariums, so wird man einen beachtlichen Unterschied feststellen. Zu warme Luft (über 29 °C) im oberen Teil

Zahlreiche Wasserfälle lassen eine üppige Vegetation entstehen.

des Terrariums kann man mit Hilfe eines Lüfters „absaugen“, um einen Hitzestau zu vermeiden.
Genaue Temperaturwerte für Ihre Pflanzenpfleglinge können Sie dem „Artenteil“ der jeweiligen Gruppen entnehmen.

Wasser und Luftfeuchtigkeit
Die notwendige Wasserversorgung in einem Tropenterrarium erfolgt in der Regel durch Versprühen mittels Handsprühgerät, automatischer Regenanlage oder durch Vernebeln von Wasser. Auf welchem Weg das Wasser zu den Blättern und Wurzeln der Pflanze gelangt, ist ihr letztlich gleichgültig, doch an die Wasserqualität stellt sie Ansprüche wie in einem Drei-Sterne-Restaurant. Am Naturstandort erhalten die Pflanzen Regenwasser, das normalerweise eine optimale Qualität aufweist. Regenwasser bietet drei wesentliche Vorteile: Die Leitfähigkeit liegt unter 50 mS (Microsiemens), das Wasser ist weich (< 6° deutscher Härte [dH]), und der pH-Wert liegt mit 5,0–6,0 im leicht sauren Bereich. Das sind beste Voraussetzungen für Orchideen, Farne und Bromelien. Leider ist nicht jeder Pflanzenfreund in der Lage, seine Pfleglinge mit Regenwasser zu versorgen, sodass man eventuell auf aufbereitetes Wasser zurückgreifen muss (siehe unten).
Die elektrische Leitfähigkeit des Gießwassers sollte in regelmäßigen Abständen überprüft werden, um Schäden erst gar nicht entstehen zu lassen. Die Salzkonzentration des Wassers kann mit Hilfe eines Leitfähigkeitsmessgeräts annähernd ermittelt werden und sollte unter 100 mS liegen. Preiswerte Messgeräte (unter 50 €) sind z. B. im Elektronik-Fachhandel erhältlich und liefern bei Einhaltung der Bedienungsanleitung einigermaßen verlässliche Ergebnisse, die den Gesamtgehalt aller im Wasser gelösten Salze ermitteln. (Allerdings ist in der „Gärtnersprache“ mit dem Salzgehalt des Wassers in der Regel die gelöste Menge an Kaliumchlorid gemeint, das in dauerhaft hohen Konzentrationen [400–500 mS] die Pflanzen schädigen kann.)
Am Naturstandort steht den Pflanzen sehr salzarmes Wasser zur Verfügung, das die saugenden Wurzeln aufnehmen und über spezielle Leitbahnen den Geweben zuführen. Hohe Salzkonzentrationen im Wasser bewirken, dass die Wurzeln auch große Mengen an Salz aufnehmen und langsam absterben. Aus diesem Grund ist Leitungswasser auf Dauer ungeeignet, unsere Pflanzen zu versorgen, denn die Salzkonzentration darin beträgt durchschnittlich etwa 500 mS. Natürlich können Sie jedoch Ihr örtliches Leitungswasser nutzen, wenn es salzarm und nicht zu hart ist.
Der Härtegrad des Leitungswassers – angegeben in „Grad deutscher Härte“ (z. B. 6 °dH) – kann bei den Wasserwerken erfragt werden und wird vor allem von Magnesium- und Calciumsalzen geprägt. Ein deutlich sichtbares Zeichen für hartes Leitungswasser sind die weißen Kalkränder auf den Blättern der Pflanzen, wenn das Wasser nach dem Versprühen verdunstet ist. Selbst Quellwasser kann zu hart sein und sollte daher mit Hilfe von Teststreifen oder -flüssigkeiten, wie man sie im Aquaristik-Fachhandel erwerben kann, kontrolliert werden. Zu kalkhaltiges Wasser beeinflusst das Wachstum unserer Pflanzen negativ und lässt sie nur kurze Zeit überleben.
Die Lösung des Problems besteht in der Anschaffung einer Osmose-Anlage, die das Wasser enthärtet und die Salzkonzentration auf weniger als 100 mS reduziert. Das auf diese Weise aufbereitete Wasser (Reinwasser) lässt sich gut für die Pflanzenbewässerung verwenden und erfüllt die wesentlichen Qualitätsansprüche.
Nebelanlagen sollten ebenfalls ausschließlich mit „Osmosewasser“ betrieben werden, um zu vermeiden, dass die Enthärterpatronen häufig ausgetauscht werden müssen. Die elektrische Leitfähigkeit des aufbereiteten oder Regenwassers sollte von Zeit zu Zeit überprüft werden, um sicher zu stellen, dass die Filter einwandfrei arbeiten.

Der pH-Wert (Wasserstoffionenkonzentration)

Wenn Sie das Glück haben, Regenwasser verwenden zu können, so sollten Sie in regelmäßigen Abständen die Säure-Base-Werte (pH-Wert) kontrollieren, um zu gewährleisten, nicht allzu saures Wasser in Ihrem Regenfass vorzufinden.
Das Reinwasser aus einer Osmose-Anlage ist neutral, d. h. es hat einen pH-Wert von 7. Steigt der Säuregehalt des Regenwassers, so verringert sich der pH-Wert, was z. B. durch zu viel Schwefeldioxid und Stickstoffoxide in der Luft verursacht werden kann, die sich leicht in Wasser lösen und für den sauren Regen verantwortlich sind. In Industriegebieten kommt es vor, dass zeitweilig das Regenwasser einen pH-Wert von 4 aufweist und dann natürlich nicht verwendet werden sollte. Umgekehrt verursacht eine zu hohe Konzentration an Laugen einen sprunghaften Anstieg der pH-Werte.
Die von Epiphyten bevorzugten pH-Werte liegen im leicht sauren Bereich zwischen 5 und 6, decken sich also mit den Werten, die unbelastetes Regenwasser fast das ganze Jahr hindurch aufweist (im Jahresdurchschnitt pH 6). Preiswerte Digitalmessgeräte (unter 50 €) reichen völlig aus, um den pH-Wert genau ermitteln zu können. Eine Messgenauigkeit von zwei Stellen hinter dem Komma ist für unsere Zwecke überflüssig und verteuert die Geräte unnötig. Das pH-Messgerät muss regelmäßig mit einer Pufferlösung (pH 7) geeicht werden, und das zu messende Wasser sollte auf genau 20 °C temperiert werden, damit verlässliche Ergebnisse erzielt werden.

Konstruktion und Technik

Der erste Gedanke bei der Planung eines Tropenterrariums oder Paludariums wird vor allem der Größe und dem Volumen gelten. Entscheidend ist natürlich auch, welche Tiere gepflegt werden und wie viel Platz diese für eine artgerechte Haltung benötigen.
Ist z. B. ein Aquarium, etwa für Wasserschildkröten, integriert, so sind das zusätzliche Gewicht des Wassers (z. B. 200 l = 200 kg) und die Stärke der zu verwendenden Materialien (z. B. Glas) zu überdenken. Ein großes Paludarium mit einem Wasserteil von 300–400 l kann schnell ein Gesamtgewicht von einer halben Tonne erreichen, weil das dazu erforderliche Glas mit 10–12 mm Stärke ein nicht zu unterschätzendes Eigengewicht besitzt.
Der Großteil aller Terrarien wird heute aus Glas verschiedener Stärken gefertigt, jedoch ist auch die Verwendung von wasserfestem Sperrholz möglich, das vor allem bei größe-

ren Becken den Vorteil eines reduzierten Eigengewichts besitzt.
Wir geben dennoch Glas den Vorzug, weil es sich einfach verarbeiten lässt und in beliebiger Größe sicher mit Silikon verklebt werden kann. Glasterrarien sind leichter zu reinigen, und die an den Seiten- und Rückwänden angebrachte Dekoration kann man auch nach Jahren einfach entfernen bzw. erneuern. Je nach Größe des Terrariums muss man unterschiedliche Glasstärken verwenden: Bei einem Becken mit den Maßen 50 x 50 x 50 cm sollten Sie beispielsweise 5 mm starke Glasscheiben wählen. Je größer das Terrarium, desto dicker muss natürlich das Glas sein, um genügend Stabilität zu gewährleisten. Hat sich der Terrarianer entschieden, den Behälter selbst zu bauen oder nach eigenen Angaben bauen zu lassen, sind noch folgende Details zu beachten:

1. Sind genügend große Lüftungsflächen vorgesehen, um einen ausreichenden Luftaustausch zu ermöglichen?
2. Aus welchem Material sollen diese Lüftungsflächen bestehen?
3. An welchen Stellen müssen die Lüftungsflächen eingeplant werden, um eine adäquate Luftzirkulation zu erreichen?
4. Handelt es sich um ein extrem feuchtes Terrarium, das einen zusätzlichen Wasserablauf benötigt, um Staunässe zu vermeiden?
5. Sind genügend viele Bohrungen für eventuelle Regenanlagen, Nebeldüsen und Heizkabel vorgesehen?

Anhand von zwei Beispielen – sei es zum Selbstbau oder als Vorlage für einen Servicebetrieb – können Sie sich anregen lassen, wie die Konstruktion technisch zu realisieren ist:

Terrarium 50 x 50 x 50 cm (L x B x H, Glasstärke 4 mm)
Das kleinste Terrarium unserer Anlage wurde von einer Terrarienbaufirma gefertigt. Ausgezeichnete Verarbeitung, wahlweise

Terrarium mit beklebter Rück- und Seitenwand

Baumfarnplatten

Vollglas oder in einem Aluminiumrahmen gefasst, ließ keine Wünsche offen.
Die beiden 15-W-Leuchtstofflampen (Warmweiß- und L-Fluora-Pflanzenleuchte) sind samt Vorschaltgerät und Reflektor in einem abnehmbaren Lampenkasten integriert. Dieser ist vorne und an den Seiten mit herausnehmbaren, dunkel gebeizten Speerholzbrettchen zur Verkleidung der Geräte (Stärke 4 mm) ausgestattet. Der hintere Teil der Abdeckung bleibt zwecks Belüftung offen. Die Seiten des Terrariums sind außen zusätz-

Oben und unten:
Terrarium vier Wochen nach der Bepflanzung

lich mit Sperrholz verkleidet. Lediglich der obere Teil der Rückwand, wo sich das Lüftungsgitter befindet, ist wegen der Luftzirkulation nicht verschlossen.
Das gesamte Terrarium ist in Aluminiumprofile (25 x 25 mm Winkelleiste) gefasst, was ihm ein ansprechendes Äußeres und größere Stabilität verleiht. Soll im Terrarium ein sehr feuchtes Klima simuliert werden, kann hinten rechts oder links ein Abflussloch für überschüssiges Wasser gebohrt werden (45 mm Durchmesser für ein 40-mm-GFK-Rohr).

Die Regenanlage ist mit jeweils zwei Düsen ausgestattet und beregnet das Terrarium zweimal pro Tag für jeweils eine Minute, gesteuert durch eine elektronische Zeitschaltuhr. Die Düse ist etwa 10 cm mittig vom Außenrand im vorderen Drittel des Terrariums angebracht. Für ein einzelnes Becken benötigt man natürlich nicht unbedingt eine Regenanlage; bei einer größeren Terrarienanlage ist ihr Betrieb aber sehr komfortabel.
Eine 10-mm-Bohrung für ein Heizkabel oder eine Heizmatte befindet sich rund 5 cm über der Bodenplatte, rechts oder links in der Rückwand. Zwei Lüftungsflächen aus Edelstahlgaze (0,5 mm Maschenweite) sind unten vorne (ca. 5 cm breit) und hinten oben (rund 10 cm breit) eingelassen, um eine ausreichende Luftzirkulation zu ermöglichen. Es ist nicht zweckmäßig, obere Lüftungsgitter mittig anzubringen, da sie sonst unnötig Licht reflektieren und die häufig nah anliegenden Beleuchtungsmittel einen optimalen Luftaustausch behindern würden.

Terrarium 90 x 60 x 110 cm (L x B x H, Glasstärke 5 mm)
Terrarien dieser Größenordnung (Abb. nächste Seite) von fast 600 l Volumen benötigen ein stabiles Untergestell, eine optimale Beleuchtung, größere Lüftungsflächen und zusätzlich einen Axiallüfter, der genügend Frischluft in das Tropenterrarium fördert und verbrauchte Luft absaugt.
Drei Regendüsen plus Ultraschallvernebler reichen aus, um ein Klima mit hoher Luftfeuchtigkeit künstlich zu erzeugen. Die Regenanlage sollte ein- bis zweimal am Tag für jeweils 1–2 Minuten geschaltet werden, um die Pflanzen ausreichend mit Wasser zu versorgen. Sinkt die Luftfeuchtigkeit während des Tages, schaltet ein integrierter Hygrostat den Ultraschallvernebler ein, um 70–80 % Luftfeuchtigkeit zu halten.
Der Axiallüfter sollte die Nacht hindurch laufen und tagsüber im Ein- bis Zwei-Stunden-Rhythmus über eine Zeitschaltuhr ein- und ausgeschaltet werden. Axiallüfter sind

Großes Tropenterrarium ohne Bepflanzung

Tropenterrarium komplett bepflanzt

im Elektronikfachhandel erhältlich. Beim Kauf sollte man darauf achten, dass der Lüfter für den Betrieb mit 230 V / 50 Hz geeignet ist.

Ist ein Aquarium integriert, muss nicht unbedingt ein Ultraschallvernebler zusätzlich installiert werden, da durch die Verdunstung der großen Wasserfläche bereits eine genügend hohe Luftfeuchtigkeit aufrecht erhalten wird.

Um ein so groß bemessenes Tropenterrarium mit Licht zu versorgen, benutzen wir eine 70-W-Natriumdampflampe oder einen 125-W-HQL-Strahler (siehe Kapitel „Lichttechnische Grundbegriffe“ und „Die Beleuchtungsmittel“ auf den Seiten 38 bzw. 39)

Luftbefeuchtung und Beregnungsanlage

Um Pflanzen und Tiere in unserem Tropenterrarium mit genügend Luftfeuchtigkeit und Wasser zu versorgen, stehen uns mehrere alternative Möglichkeiten zur Verfügung.

Je nach Größe des Terrariums oder Paludariums (eventuell mit integriertem Wasserteil oder künstlich gestaltetem Wasserfall) und je nach Temperatur wird mehr oder weniger Wasser benötigt, um eine relative Luftfeuchtigkeit von 60–80 % zu erreichen.

Beispielsweise kann Luft bei 20 °C etwa 17 g Wasserdampf pro Kubikmeter aufnehmen. Je wärmer es im Tropenterrarium wird, desto mehr Wasser muss die Luft aufnehmen, um 70 % relative Luftfeuchtigkeit zu erreichen,

da mit steigender Temperatur absolut gesehen mehr Wasserdampf aufgenommen werden kann.
Ist in einem Tropenterrarium ein Aquarium mit z. B. 100–200 l Volumen integriert, verdunstet das Aquarienwasser auf natürliche Weise und sorgt so für eine erhöhte Luftfeuchtigkeit von ca. 60 % – im Regelfall ohne zusätzliches Versprühen von Wasser. Um die gewünschten 70–80 % oder eine noch höhere Luftfeuchtigkeit zu erzeugen, sprühen wir zusätzlich einmal pro Tag mit einem Druckluftsprühgerät, bis der gewünschte Wert erreicht ist.
Solche Druckluftsprühgeräte mit 1,5 oder 5 l Fassungsvermögen sind in jedem Gartencenter erhältlich. Eine solide Qualität der Geräte ist notwendig, damit die Lebensdauer ein Jahr übersteigt. Sie sollten über einen Filtereinsatz verfügen, der regelmäßig gereinigt werden muss, wenn z. B. Regenwasser versprüht wird. Das Sprühgerät ist nach Gebrauch an einem möglichst dunklen Ort aufzubewahren, um Algenwachstum zu verhindern.
Diese „Handarbeit“ des Versprühens von Wasser ist generell bei einzelnen kleinen Terrarien (z. B. 50 x 50 x 50 cm) durchaus angebracht, denn es muss nicht unbedingt auch der kleinste Behälter automatisch beregnet werden.
Sind jedoch mehrere kleinere oder auch einzelne sehr große Terrarien mit ausreichend Wasser zu versorgen, ist es sinnvoll, die Beregnung über einen elektrischen Luftbefeuchter oder eine Beregnungsanlage automatisch zu steuern. Der anstehende Urlaub kann sonst zu einem kleinen Problem werden, wenn der Nachbar nicht die Zeit hat, im Sommer zwei- bis dreimal pro Tag Ihre Tropenterrarien mit Wasser zu versorgen.
Ultraschallluftbefeuchter sind heute in fast jedem Baumarkt oder über den Elektrofachhandel zu beziehen. Sie sind mit einem Vorratsbehälter ausgestattet, sodass einmaliges Auffüllen pro Woche (je nach Größe des Terrariums) ausreicht. Im unteren Teil des Wasserbehälters befindet sich eine Entkalkerpatrone, die z. B. Leitungswasser den reichlich vorhandenen Kalk entzieht. Besser ist es, den Vorratsbehälter mit Regenwasser zu füllen, weil sich dadurch die Lebensdauer der Entkalkerpatrone deutlich verlängert. Das Regenwasser ist vor dem Auffüllen in den Vorratsbehälter durch ein möglichst feines Sieb zu filtrieren, um eventuell vorhandene Verunreinigungen zu entfernen.
Können Sie kein Regenwasser verwenden, so sollten Sie die Herstellerangaben über die Entkalkerpatrone genauestens beachten, und diese muss rechtzeitig ausgetauscht werden, um eine mehrjährige Betriebsdauer des Ultraschallverneblers zu gewährleisten.
Damit der erzeugte Nebel auch wirklich in Ihr Terrarium gelangt, ist der Austrittsstutzen des Ultraschallverneblers mit Kunststoffröhren (GFK-Rohre) zu verlängern und z. B. 30–50 cm über dem Boden des Terrariums einzuleiten. Die Austrittsöffnung (häufig ein 40-mm-Rohr) sollten Sie unbedingt mit einem Geflecht aus feinmaschigem Edelstahldraht verschließen, damit die Terrarientiere nicht auf Nimmerwiedersehen im Ultraschallvernebler verschwinden. Der eingeleitete Nebel kann zusätzlich durch einen kleinen Axiallüfter (8–10 cm Durchmesser) im gesamten Terrarium verteilt werden, damit es gleichmäßig befeuchtet wird.
Die Luftfeuchtigkeit lässt sich über einen Hygrostaten mit Relais steuern, der den Ultraschallvernebler und den Axiallüfter bei Unterschreiten der gewünschten Luftfeuchtigkeit einschaltet.
Die dritte Möglichkeit, um sehr große Tropenterrarien oder mehrere Becken gleichzeitig mit Wasser zu versorgen, ist der Betrieb einer Kreiselpumpe, die 6–8 bar (1 bar entspricht 100 000 Pascal) Druck erzeugt und das Wasser über Druckschläuche, die am Endstück mit Düsen versehen sind, in die Terrarien pumpt.
Komplette Regenanlagen und Bausätze sind durch einige Terrarienbaufirmen zu beziehen (Anzeigen in Fachzeitschriften, z. B. REPTILIA oder DRACO).
Eine solche Anlage ist durchaus zu empfehlen, da das Preis-Leistungs-Verhältnis mit etwa 300 DM für Pumpe, zwei Düsen und Ver-

bindungsstücke durchaus angemessen ist. Der notwendige Wasservorratsbehälter kann ebenfalls mitgeliefert werden. Für den Do-it-yourself-Terrarianer werden geeignete Pumpen, Düsen, Druckschläuche und Filter auch von solchen Firmen geliefert, die Gewächshaustechnik vertreiben. Die Regenanlage lässt sich entweder durch eine elektronische Zeitschaltuhr oder einen Hygrostaten steuern, sodass der Arbeitsaufwand so gering wie möglich gehalten werden kann.
Gelangen in großen Tropenterrarien mehrere Düsen zur Verwendung, empfehlen wir dringend, nach der Beregnungszeit einen Lüfter zuzuschalten, um für den notwendigen Luftaustausch und das Abtrocknen der Pflanzen zu sorgen.

Wärme und Heizung
Auf welche Weise die benötige Wärme für Ihre Pfleglinge erzeugt wird, hängt u. a. vom Rauminhalt des Terrariums und dem Wärmebedarf der Tiere und Pflanzen ab. Der Standort des Terrariums ist ebenfalls ein zu berücksichtigender Aspekt. Steht es in der Nähe eines Heizkörpers? Wie hoch ist die Raumtemperatur? Eine Mietwohnung wird im Jahresdurchschnitt auf etwa 20–22 °C erwärmt, um das Wohlbefinden ihrer Bewohner vor allem während der Monate September bis April zu gewährleisten. Wird das Terrarium im Keller, Erdgeschoss oder Dachgeschoss aufgestellt ?
Kleinere bis mittelgroße Terrarien mit 100–200 l Rauminhalt müssen nicht unbedingt zusätzlich mit Heizkabeln oder Heizmatten erwärmt werden, wenn die erzeugte Wärme des Leuchtmittels und des häufig integrierten Vorschaltgerätes genutzt wird.
Da warme Luft nach oben drängt, werden die höchsten Temperaturwerte im oberen Teil des Terrariums erreicht. Um die aufsteigende Wärme zu nutzen, hat sich vor allem bei Terrarien mit integrierten Beleuchtungsmitteln ein kleiner Axial- oder Radiallüfter, der nur wenige Watt verbraucht, bewährt. Ein solcher Ventilator ist möglichst in der Nähe des Vorschaltgerätes wenige Zentimeter oberhalb des Lüftungsgitters zu platzieren, um die erzeugte Wärme der Lampe und des Vorschaltgerätes zurück ins Terrarium zu befördern. Ein ansonsten unbeheiztes Terrarium erreicht durch diese Wärmerückführung leicht ein Plus von 5–7 °C, je nach Rauminhalt.
Wir erreichen auf diese Weise in Terrarien kleiner bis mittlerer Größe, die mit geschlossener Abdeckung ausgestattet sind, in Räumen mit etwa 20 °C eine mittlere Temperatur von etwa 25–27 °C.
In größeren Terrarien verwenden wir für wärmebedürftigere Pflanzen und Tiere zusätzlich Silikonheizkabel (25 W) sowie HQL- oder Natriumdampflampen, die ausreichend Wärme erzeugen, um Terrarien ab ca. 400 l mit Temperaturen von 26–30 °C im mittleren und oberen Drittel des Terrariums zu versorgen.
Von Mai bis September verzichten wir auf eine zusätzliche Heizung, da die Beleuchtungsmittel ausreichend Wärme abstrahlen, um die Terrarien auf die erforderlichen Temperaturwerte zu bringen.
Heizkabel aus Silikon sind von 15–50 Watt in jedem Terrarienfachgeschäft erhältlich. Alternativ können Heizmatten verwendet werden, um Boden- oder Teilflächen eines Terrariums stärker zu erwärmen. Dringend erforderlich für den Einsatz von Heizkabeln und -matten vor allem in den Sommermonaten sind unserer Meinung nach Temperaturregler, um eine Überhitzung des Terrariums auszuschließen. Wir raten sogar, bei hoher Raumtemperatur die Heizquellen gänzlich abschalten. Auch nachts werden diese ausgeschaltet, um die notwendige Nachtabsenkung zu gewährleisten.
Terrarienfreunde, denen ein separater Raum für mehrere Becken zur Verfügung steht, benötigen keine zusätzlichen Heizkabel oder -matten, da die abgegebene Wärme der Beleuchtungsmittel plus Raumtemperatur normalerweise für die richtigen Temperaturen sorgt.

Die Inneneinrichtung

Geeignete Materialien für die Gestaltung des Bodens, der Seiten- und der Rückwand

Der Bodengrund unserer Terrarien besteht aus zwei Grundmaterialien: Wir verwenden entweder Baumfarn- (Xaxim-) oder vorzugsweise Naturkorkplatten, je nach erforderlichem Feuchtigkeitsbedarf des Bodengrunds. Baumfarne stehen im Anhang 2 des Washingtoner Artenschutzabkommens und werden aus Brasilien legal eingeführt (laut Angaben des Generalimporteurs Deutschland keine Urwaldrodung). Häufig wird *Dicksonia sellowiana* aus Brasilien verwendet. Diese Art ist besonders schnellwüchsig (Längenwachstum ca. 1 m pro Jahr) und wird vegetativ durch Kopfstecklinge vermehrt. Man verarbeitet den „Stamm".

Die rechteckigen Platten (mindestens 2–3 Teilstücke) liegen nicht einfach auf dem Boden auf, sondern erhalten eine etwa 1 cm dicke Dränageschicht aus Kies oder Tonkugeln (Hydrokultur), um das bessere Abfließen des Wassers, die Belüftung des Bodens und einen relativ unproblematischen Austausch des Bodenmaterials (meist erst nach Jahren nötig) zu gewährleisten. Die Platten werden nur gefugt, nicht verklebt, und halten etwa 1–2 cm Abstand zur Seiten- und Rückwand, damit sie leichter ausgetauscht werden können. Seiten- und Rückwände können Sie mit den gleichen Materialien gestalten, wobei Kork bei weniger feuchten Terrarien den Vorzug bietet, das Wasser nicht zu speichern, wodurch ein schnelles Abtrocknen gewährleistet ist. Die Platten werden mit Aquariensilikon aus dem Fachhandel an Rück- und Seitenwände geklebt; bis zum Aushärten 2–3 Tage gut lüften!

Für den Boden ist eine Plattenstärke von 1–2 cm ausreichend, während Seiten- und Rückwände 2–2,5 cm Stärke benötigen, um Pflanzen daran befestigen zu können und eine optimale Wurzelentwicklung zu ermöglichen. Alternativ kann der Boden 5–10 mm hoch mit Kies aufgefüllt werden und zur Abdeckung etwa 2 cm dicke, zurechtgeschnittene Weißtorfplatten erhalten, die ausgezeichnet Wasser speichern. Torf ist das Produkt der unvollständigen Zersetzung abgestorbener pflanzlicher Substanz in Mooren unter Luftabschluss. Wo immer möglich, sollten Sie jedoch auf die Verwendung von Torf verzichten, da beim Abbau dieses Naturprodukts stark bedrohte und äußerst wertvolle Lebensräume zerstört werden.

Weißtorf eignet sich hervorragend für die Bepflanzung mit Moosen und Farnen.

Bau eines künstlichen Wasserfalls aus Styropor

Text und Fotos von Dirk Löhmann

Jeder Terrarianer ist bestrebt, seinen Pfleglingen ein nach deren Lebensraum und Bedürfnissen eingerichtetes Terrarium zu bieten. Neben der technischen Erzeugung bzw. Regelung der Umwelteinflüsse wie Temperatur, Feuchtigkeit und Beleuchtung stellt auch die Einrichtung des Terrariums einen wichtigen Beitrag zur artgerechten Haltung dar. Durch die Verwendung verschiedener Pflanzen und Versteckmöglichkeiten, wie Höhlen und Spalten, schaffen wir Rückzugsmöglichkeiten für die Pfleglinge.

Durch die Kenntnis des jeweiligen Biotops der zu pflegenden Art kann zumindest ansatzweise versucht werden, diesen künstlich nachzuempfinden. Einige Pfeilgiftfrösche haben sich auf ein Leben in der Nähe von Wasserfällen, Bachläufen usw. spezialisiert. Als Beispiel seien hier *Dendrobates azureus* und viele Raketenfrösche (*Colostethus*) genannt.

Da die mit fließendem Wasser einhergehende Erhöhung der Luftfeuchtigkeit auch vielen Pflanzen zugute kommt, soll nun der Bau eines künstlichen Wasserfalls mit Rinnsalen, Miniteichen sowie Höhlen erläutert werden, der nicht nur das Terrarienklima positiv beeinflusst, sondern als zusätzlichen Effekt das Terrarium auch verschönert. Ein attraktiv eingerichtetes Terrarium weckt sicherlich auch das Interesse von „Noch-Nicht-Terrarianern".

Der hier beschriebene Wasserfall wurde in ein Verkaufsbecken einer Zoohandlung eingebaut, um dem interessierten Kunden die Möglichkeiten von Technik und Einrichtung nahezubringen. Das fertige Schaubecken verfügt neben dem Wasserfall weiterhin über eine automatische Sprühanlage; der Betrieb der Regen- und Nebelanlage erfolgt per Knopfdruck durch den Betrachter. Die Maße des Beckens sind: Länge = 100 cm, Breite = 60 cm, Höhe = 120 cm.

Abb. 1: Ein Schmuckstück in jedem Regenwaldterrarium: ein künstlicher Wasserfall

Abb. 2a+b: Benötigte Werkzeuge für die Styroporbearbeitung

Doch zunächst zu den benötigten Werkzeugen und Materialien (s. Abb. 2):

Werkzeug- und Materialcheckliste:
- Heißluftföhn
- Gaslötstift
- Feuerzeug
- Ersatzgas
- Cuttermesser
- Ersatzklingen
- Gliedermaßstab oder Maßband
- Winkel
- Silikonspritzpistole
- Aquariensilikon-Kartuschen
- Gummihandschuhe
- Filzstift
- Styroporplatten verschiedener Stärke (10, 15, 20, 25, 30, 40, 50, 80 mm)

Erläuterungen zum Baumaterial:
Styropor:
Meinen ersten Wasserfall hatte ich aus Styrodur gebaut. Es handelt sich hierbei um im Gegensatz zu Styropor sehr stabile Platten (aufgrund der höheren Verdichtung des Materials; da sie auch trittfest sind, werden sie meist als Bodendämmung verwendet). Außerdem kommt es bei der Verarbeitung nicht zu dem für Styropor typischen Abrieb kleiner Kügelchen. Allerdings weisen diese Platten zwei Nachteile auf: Zum einen sind sie sehr teuer (eine 100 x 50 cm große, 30 mm dicke Platte kostet rund 10–12 €), zum anderen sind sie durch die hohe Verdichtung schwerer mit dem Messer zu bearbeiten.
Die Materialkosten für den hier beschriebenen Wasserfall hätten sich bei Verwendung von Styrodur auf circa 50–75 € belaufen. Daher entschied ich mich aus Kostengründen und Zeitersparnis in der Bearbeitung für ganz normales Styropor, dessen Kostenanteil circa 15 € beträgt.

Vorteil von Silikon gegenüber Kunstharz:
Derzeit verwende ich für die Styroporbeschichtung essigvernetzendes Silikon. Von

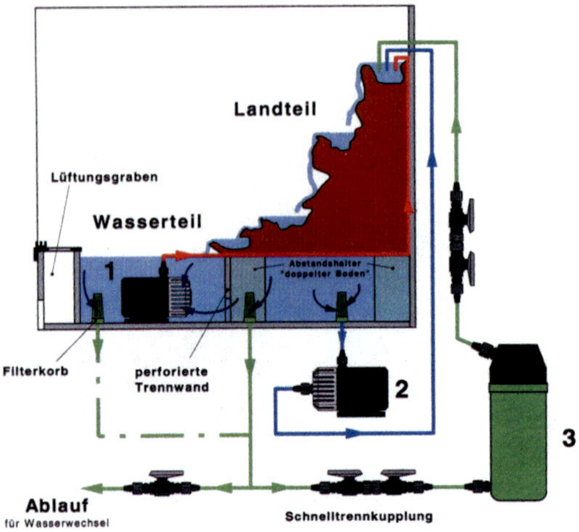

Abb. 3: Schematische Darstellung der verschiedenen Einbaumöglichkeiten

Kunstharzen bin ich persönlich nicht überzeugt, da bei diesen die genaue Einhaltung des Mischungsverhältnisses von Binder und Härter von großer Bedeutung ist. Auch unterscheiden sich die einzelnen Kunstharze in ihrer Topfzeit (Zeit, bis zu der noch eine Verarbeitung möglich ist). Ist die Topfzeit zu kurz oder ist entgegen dem auf der Packung angegebenen Mischungsverhältnis der Anteil an Härter zu hoch, härtet das Harz zu schnell aus, und man hat für größere Flächen sehr wenig Zeit, wobei dann das Ganze in Hektik ausartet. Die Arbeitsmittel wie Pinsel und Spachtel sind nach der Verhärtung des Harzes unbrauchbar. Für weitere Beschichtungen müssen neue her.

Ist jedoch zu wenig Härter verwendet worden, bleibt das Harz auf Dauer weich, und da die Verhärtung nicht abgeschlossen ist, werden sicherlich immer noch irgendwelche Inhalts- bzw. Schadstoffe freigesetzt.

Aus den oben genannten Gründen verwende ich nun ausschließlich biozidfreies Aquariensilikon in 310-ml-Kartuschen. Das Silikon ist sofort gebrauchsfertig, ohne dass wie bei Kunstharz zwei Komponenten angerührt werden müssten. Die Verarbeitungszeit ist unserem Anwendungsfall angemessen. Bei den öfters in Baumärkten erhältlichen Billigangeboten (1,50–2,50 €) sollte man unbedingt von Silikonen mit Fungizid- oder Biozidzusatz absehen (diese Substanzen dienen der Abwehr von Schimmelpilzen und Algen im Badezimmerbereich). Generell setzen bereits endvernetzte Silkone (biozidfrei) keine Inhaltsstoffe mehr frei. Die Fugen aus Silikonen mit Fungizidzusatz geben dagegen allerdings auch nach der Vernetzung bei Wasserkontakt den Wirkstoff über Jahre hinweg ab. Da unser Wasserfall ständig mit Wasser in Kontakt steht, sollten wir zum Wohle der Terrarieninsassen auf jeden Fall hierauf achten und lieber ein paar Mark mehr investieren.

Abb. 4: Pumpe und Zubehör

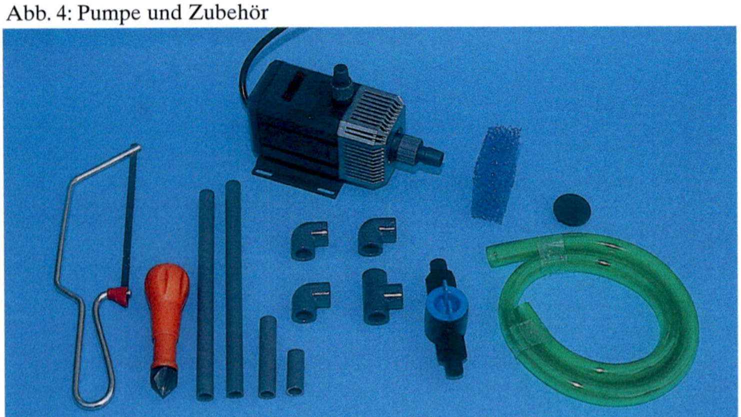

Welche Pumpen sind geeignet?

Die Frage nach geeigneten Pumpen für den Wasserfall hängt in erster Linie von der Bauweise des Terrariums mit den evtl. vorhandenen Durchgangsbohrungen für Rohrleitungen und Anschlusskabel im Boden- bzw. Rückwandbereich sowie der möglichen Höhe des Wasserstandes (Pumpenhöhe) ab.

In Abb. 3 sind die generellen Einbaumöglichkei-

Abb. 5a+b: Bypass zur Durchflußreduzierung (links: genereller Aufbau, rechts: Einbaubeispiel)

ten der verschiedenen Pumpen skizziert:

Einbaubeispiele:
Geeignete Pumpen:

- EHEIM-Außenfilter (große Auswahl), z. B. kleinstes Modell (Bezeichnung: 2211, 300 l/min)
- Universal-Hobby-Kreiselpumpe, z. B. EHEIM 1046 (H_{max} = 1,2 m, 300 l/h) oder 1048 (H_{max} = 1,5 m, 600 l/h). „H_{max}“ bedeutet „maximale Förderhöhe“
- diverse Pumpen für Zimmerspringbrunnen (werden oft günstig in verschiedenen Baumärkten angeboten)

Die EHEIM-Kreiselpumpe (2 in Abb. 3) kann gemäß der Abbildung außerhalb des Terrariums betrieben werden. Dies setzt natürlich eine Bohrung im Boden- bzw. Rückwandbereich für Saug- und Druckleitung voraus. In dieser Einbauart dient sie lediglich als Pumpe ohne größere Filterwirkung. Der kleine Vorfilterkorb hält nur größere Partikel zurück. Da diese Pumpen nicht selbstansaugend sind, sollten sie unterhalb des Wasserspiegels eingebaut werden. Mittels eines der Verkaufspackung der EHEIM-Kreiselpumpe beiliegenden Umbausatzes (Filtermatte, Abdeckscheibe) kann diese zu einer Innenpumpe mit Vorfilter (1 in Abb. 3) umgerüstet werden (siehe hierzu auch Abb. 4). Diese Pumpe und die Rohrleitung befinden sich nun direkt im Becken, wobei nur das Spannungs-Versorgungskabel nach draußen geführt werden muss – bei bereits vorhandenen Terrarien ohne Rückwandbohrung vorzugsweise durch die hintere Entlüftungsgaze im Deckelbereich.

Da EHEIM-Kreiselpumpen in Preis (circa 45–50 €) und Fördermenge (kleinste EHEIM-Kreiselpumpe: 1046 mit 300 l/h) sehr hoch liegen, sind sie nur für sehr große Wasserfälle vorzuziehen. Für Kleinterrarien kann man dagegen auf die oft in Baumärkten angebotenen Pumpen für Zimmerspringbrunnen zurückgreifen. Sie sind sehr klein (für Becken mit geringerem Wasserstand und geringerer Größe), die Leistung ist ausreichend, und sie werden teilweise schon für 10 € angeboten.

Die Minipumpen können natürlich aufgrund der sehr geringen Abmessungen auch direkt innerhalb eines Miniteiches des Wasserfalls eingebaut werden.
Pumpen, die im Becken selbst untergebracht werden sollen, sind auf jeden Fall so einzubauen, dass sie bei Reinigungsarbeiten oder einem evtl. Defekt jederzeit ausgebaut werden können. Am besten sind sie im vorderen Bereich (Wassergraben) zu platzieren und mit einer Abdeckung, die mit Javamoos oder Ähnlichem verkleidet ist, zu versehen (s. Abb. 5, rechte Seite).
Die eleganteste Lösung stellt jedoch der EHEIM-Außenfilter (3 in Abb. 3) dar.

Vorteile eines Außenfilters:

- leichter zu reinigen, da Einbau außerhalb des Beckens (Verwendung von Schnelltrennkupplung)
- längere Reinigungsintervalle, da größeres Filtervolumen
- Einbau verschiedenster Filtermedien möglich
- nicht nur mechanische, sondern auch biologische Reinigung des Wassers
- geringerer Wasserstand im Becken möglich, da nur Ansaugstutzen (Höhe etwa 40 mm) im Becken

Da bei dem Terrarium, in das ich den Wasserfall einbauen wollte, aufgrund fehlender Durchgangsbohrungen im Boden- und Rückwandbereich die Verwendung eines Eheim-Außenfilters nicht möglich war, entschied ich mich für die Innenfiltervariante (1 in Abb. 2). Eine Außenfilterlösung ist aber auf jeden Fall vorzuziehen und sollte bei einer Neuplanung berücksichtigt werden.
Als kleine Planungshilfe für Pumpenausmaße, Förderdaten und Preise sollte man sich vorher in Zoohandlungen bzw. Baumärkten oder via Internet informieren.
Ich wählte damals aufgrund der Wasserfallhöhe von etwa 1 m die „Universal-Hobby-Kreiselpumpe 1048" von EHEIM (1,5 m Wassersäule). Neben der Pumpe ist natürlich auch einiges an Anschlussmaterial und Werkzeug notwendig, das in Abb. 3 zu sehen ist.

- Pumpe und Umrüstsatz auf Filterbetrieb (im Set vorhanden)
- Schlauchstück (Durchmesser je nach gewählter Pumpe)
- GFK-Rohre (hier 12-er), GFK-Winkel und T-Stücke aus dem Baumarkt oder Zoofachgeschäft
- evtl. TANGIT (spezieller Klebstoff für die GFK-Rohre von Henkel) zum dauerhaften Verkleben der Rohre
- Absperrhahn
- Bügelsäge mit Metallsägeblatt
- Handsenker und Schmirgelpapier

Bei den ersten Probeläufen wurde sehr schnell

Abb. 6: Untere Bodenplatte und Pumpe

Abb. 7: Die ersten Lagen des Wasserfalls

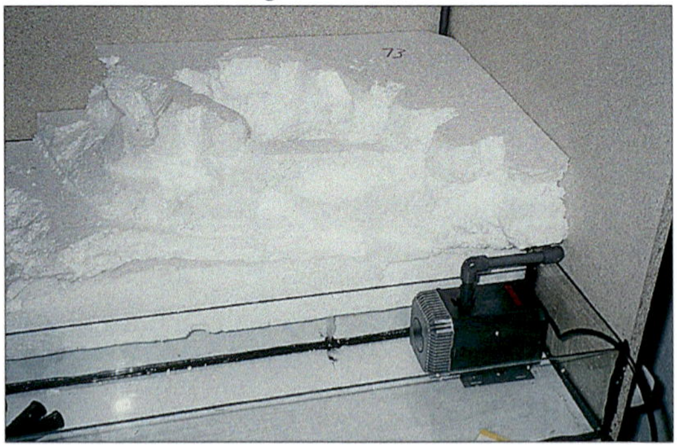

klar, dass die Leistung der Pumpe zu hoch war. Auch bei der Höhe von 1 m war die Wassermenge noch so groß, dass sich bei längerem Betrieb eine erhebliche Menge Spritzwasser an der Frontscheibe sammelte und die Führungs-E-Profile der Scheibe zu überfluten drohte.
Eine Reduzierung der Durchflussmenge durch den Einbau eines Absperrhahnes in das Leitungssystem ist bei diesen Pumpen (sowie auch beim Außenfilter) keine gute Lösung, weil dadurch nur der Leitungsquerschnitt reduziert wird. Dabei erhöht sich jedoch der entstehende Gegendruck, wodurch sich die Lebenszeit der Pumpen verringert. Die Pumpen sind generell für einen lastfreien Dauerbetrieb ausgelegt!
Eine bessere Lösung ist die Ableitung der überschüssigen Wassermenge über einen Bypass, der in Abb. 5 dargestellt ist. Dabei kann der Bypass in den Wasserteil selbst (am besten zur direkten Anströmung eines dort eingebauten Heizstabes) gelegt werden, oder er dient zur Speisung eines zweiten Wasserfalls, Rinnsals, Bachlaufes oder einer „Quelle" im Terrarium. Im Vordergrund der Abbildung 5a ist der Anschluss für den Pumpenbetrieb (Variante 2 in Abb. 3) zu sehen. Er wurde in diesem Fall entfernt und gegen den Filterbetrieb-Umrüstsatz ausgetauscht.
Nachdem nun die Vorüberlegungen abgeschlossen sind und alles notwendige Material und Werkzeug vorliegt, wollen wir zur Tat schreiten:

Abb. 8: Modellieren der Wasserfallstruktur / -kontur

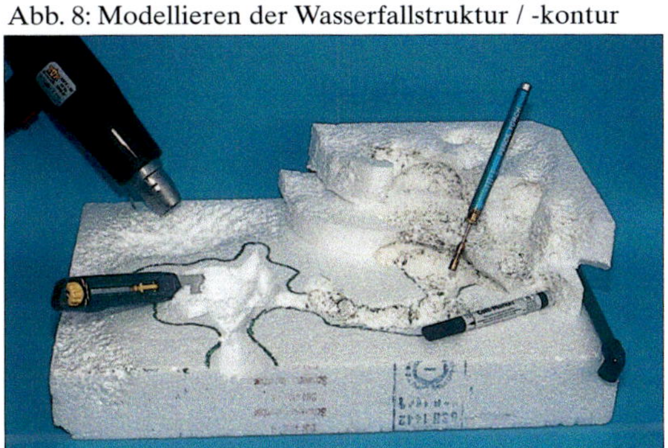

Bauanleitung für den Styroporkörper
Zunächst wird die unterste Styroporplatte, die den späteren Boden des Beckens darstellt, in das Terrarium eingepasst. Hierbei gibt es zwei Möglichkeiten: Sie trennen strikt den Land- vom Wasserteil (das Wasser läuft per Überlauf direkt in den Wassergraben und wird von dort wieder dem Wasserfall zugeführt), oder Sie kombinieren beide Teile durch einen doppelten Boden und Durchgangsbohrungen in der Wasser/Landteil-Trennwand (s. auch Abb. 3), sodass auch unter der Bodenplatte Wasser steht und sich somit die Gesamtwassermenge im Becken erhöht. Die Stärke der Bodenplatte wird je nach gewünschter späterer Teichtiefe bzw. Höhe des Wasserteils, in die der Wasserfall direkt oder über einen Teich münden soll, ausgewählt. Um einen doppelten Boden zu

Abb. 9: Styropor„berg"

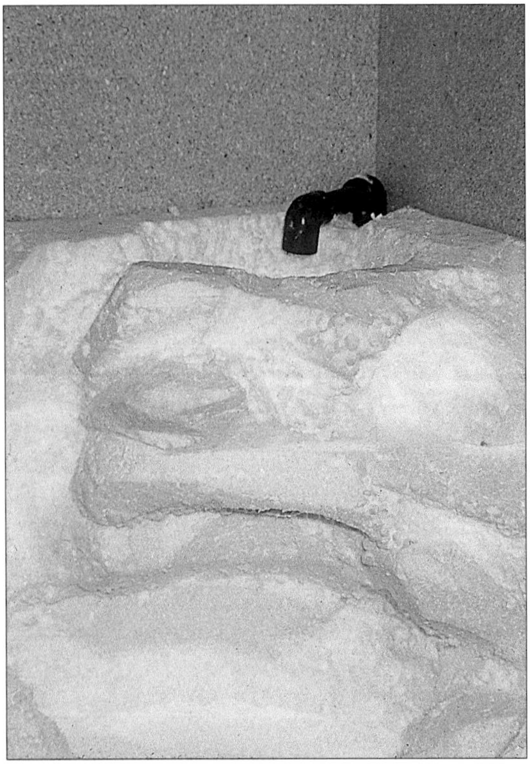

Abb. 10: Wassereintrittsteil

Abb. 11: Deckplatte

erhalten, können Styroporklötze unter die Bodenplatte geklebt werden. Ist kein Wasserstand im vorderen Bereich des Terrariums erwünscht, und soll der gesamte Boden durch die Styroporplatte abgedeckt werden, so kann durch eine Öffnung im Boden des Mündungsteiches (Abdeckung durch Edelstahlmaschengewebe) das Wasser im doppelten Boden „versickern".

Nun wird die Pumpe an der gewünschten Stelle platziert. Die Rohre trennt man mit einer Bügelsäge in der entsprechenden Länge möglichst rechtwinklig ab. Anschließend wird der innere Grat mittels Handsenker, der äußere mit Schmirgelleinen entfernt. Mit den GFK-Verbindungsteilen wird das Rohrgestänge lose zusammengefügt (s. Abb. 6). Normalerweise werden die GFK-Rohre mit dem Spezialkleber TANGIT dauerhaft und unlösbar verklebt. Ein Lösungsversuch würde zu einer Zerstörung der Rohrleitung führen!

Bei einigen Zulieferern passen die Rohre allerdings so stramm in die Verbindungsteile, dass auf eine Verklebung verzichtet werden kann. Dies hat natürlich den Vorteil einer möglichen Demontage des Rohrleitungssystem zu Reinigungszwecken. Hat man dieses Glück nicht und die Rohre gleiten mit sehr viel Spiel in die Verbindungsmuffen, sollten die Rohrenden mit Teflonband umwickelt oder leicht mit Silikon eingestrichen und sofort zusammengefügt werden. Selbst nach abgeschlossener Vernetzung des Silikons kann die Verbindung unter leichter Kraftanwendung gelöst werden. Sind die erste Styropor-Bodenplatte und die Pumpe installiert (Abb. 6), wird der eigentliche Wasserfall aus Lagen von Styroporplatten aufgeschichtet.

In Abb. 7 sind bereits die ersten fertig strukturierten Lagen zu erkennen. Die Ausarbeitung dieser Strukturen soll mit Hilfe der Abb. 8 anhand eines verkleinerten Modells des Wasserfalls erläutert werden. Darin sind alle Arbeitsstufen der Styropor-Oberflächenbearbeitung zusammengefasst.
Zunächst wird mittels Faserschreiber (z. B. Edding) der ungefähre Verlauf des Bachlaufes bzw. Teiches aufgezeichnet. Nun werden die Styroporplatten für den eigentlichen „Berg", von dem sich später der Wasserfall ergießen soll, grob mit dem Cuttermesser vorgeschnitten und übereinander geschichtet. Anschließend werden mit diesem Messer die spätere Struktur und die Sammelstellen für das Wasser (Miniteiche), Wasserläufe, Höhlen für z. B. Frösche und Pflanzlöcher großzügig herausgearbeitet. Weiterhin können auch Nuten für die Aufnahme eines Bodenheizkabels eingeschnitten werden. Dabei ist, wie in Abb. 8 (rechts) zu sehen, die unterste Platte des eigentlichen Wasserfalls etwas kleiner, damit die horizontale Rohrleitung nach hinten durchgeführt werden kann. In die betreffende Ecke aller Platten wird außerdem eine 45°-Schräge geschnitten, um die vertikale Leitung unterzubringen.

Tipp:
Um von der Schichtstruktur der Platten abzulenken, ist es ratsam, vertikale Fugen bzw. Rillen einzuschneiden und Überhänge sowie Durchbrüche zu erzeugen.

Danach wird der gesamte vorgeformte Berg vorsichtig großflächig mit dem Heißluftföhn angeblasen. Dadurch wird die Oberfläche etwas verfestigt. Einige grobe Strukturen können hierdurch noch herausgearbeitet werden. Die eigentliche Modellier- und Feinarbeit lässt sich am besten mit dem Minigaslötkolben aus Abb. 2 realisieren. Er ist in Baumärkten für rund 5 € zu erhalten. Mit dessen Hilfe können die zuvor geschnittenen Strukturen detaillierter geformt werden und erhalten somit ein natürlicheres Aussehen.

Auch Durchbrüche und Vertiefungen der Teiche, Höhlen und Pflanzlöcher lassen sich sehr schön und schnell erzeugen. Ich bin schon fast dazu übergangen, auf ein vorheriges Ausschneiden der Strukturen zu verzichten und modelliere von Anfang an mit dem Gaslötstift.

Achtung:
- Sämtliche Arbeiten mit Föhn oder Gaslötstift sind entweder in sehr gut durchlüfteten Räumen oder im Freien durchzuführen, da hierbei giftige Dämpfe entstehen!
- Auf persönliche Schutzkleidung/-ausrüstung achten!
- Immer nur einen kleinen Bereich bearbeiten und ein Brennen des Styropors vermeiden (Auspusten der Flamme).

Der Berg gewinnt nun Schicht für Schicht an Höhe (Abb. 9). Ist die gewünschte Höhe erreicht, sollte die letzte Schicht aus einer möglichst dicken Styroporplatte (80 mm) bestehen. In diese Platte modelliert man nun die Vertiefung, in die das Wasser eingespeist wird. Die Vertiefung kann bei Bedarf einen Ultraschallvernebler aufnehmen, aus dem später Nebel den Berg „herabwabern" kann. Am Wasseraustrittsende wird ein nach unten gerichteter Winkel angebracht, damit das einströmende Wasser unterhalb der Wasseroberfläche eingespeist wird (Abb. 10). Zum Schluss wird noch eine Abschlussplatte aufgesetzt, welche die Vertiefung abdeckt und somit den Eintrag von Verunreinigungen verhindert (Abb. 11).
Ist nun die gewünschte Struktur des Bergs herausgearbeitet, werden alle Platten mittels Silikonkleber aufeinander geklebt. Dabei sollte das Silikon so großzügig auftragen werden, dass es beim Zusammendrücken der Platten an allen Seiten herausquillt. Anschließend wird es einfach mit den Fingern (Gummihandschuh) verstrichen. Wir verhindern damit, dass die einzelnen Zwischenräume der Platten später von der Feuchtigkeit unterwandert

Abb. 12: Verschiedene Beschichtungssubstrate

werden und diese sich voneinander ablösen.
Um nun alle Platten des Wasserfalls auszurichten, wird der Berg in die gewählte Ecke des Terrariums gestellt. Anschließend werden die Platten so verschoben, dass sie an Rück- und Seitenwand plan anliegen. Voraussetzung hierfür ist natürlich, dass das Silikon noch nicht vernetzt ist. Bei einem größeren Wasserfall sollte man diesen eventuell in drei Teilbereiche aufteilen (dies ist auch bei der späteren Beschichtung mit Silikon und Substraten eine Arbeitserleichterung) und erst später zusammenkleben.
Die Rückwand des Terrariums sollte – natürlich vorher – mit Kunststofffolie (blauer Müllsack) ausgekleidet werden, um ein Haften des Silikons an den Terrarien-Glaswänden zu verhindern. Die Kunststofffolie kann nach der Silikonvernetzung problemlos vom Wasserfall abgezogen werden, da das Silikon hierauf nicht haftet.

Achtung:
Bei den meisten Aquarien-Silikonen handelt es sich um Essigsäure vernetzende Silkone. Das Silikon vernetzt also unter Abspaltung von Essigsäure, daher der beißende Geruch. Deshalb auch beim Hantieren mit diesem Klebstoff auf ausreichende Lüftung achten! Nach Abschluss der Vernetzung werden keine weiteren Stoffe mehr freigesetzt.

Bei der endgültigen Verklebung sollten nicht der Berg mit der Bodenplatte (fest eingeklebt) und auch nicht die oberste Platte (Wassereintrittsteil, Abb. 10) und die Abdeckplatte über der Vertiefung (Abb. 11) miteinander verklebt werden, da diese genannten Wasserfallteile eventuell zu Reinigungszwecken und Umbaumaßnahmen entnehmbar sein sollten.

Das „Bauprojekt“ besteht nun aus:

Bodenplatte, Berg, Wassereintrittsteil mit Vertiefung und Abdeckplatte.

Ist das Silikon endvernetzt (nach wenigen Stunden, besser aber am nächsten Tag), kann ein erster Wasserprobelauf erfolgen und der Wasserfluss ggf. korrigiert werden. Hierzu können noch Teiche und Rinnsale vertieft oder leicht umgeleitet oder aber weitere Styroporteile anklebt werden. Durch den erwähnten Bypass (Abb. 5) kann die Wassermenge jetzt oder später jederzeit wie gewünscht eingestellt werden.
Ist alles zu Ihrer Zufriedenheit ausgefallen, muss der Berg komplett abtrocknen.
Nun erfolgt die Beschichtung des Styropors, um ein natürliches Aussehen zu erhalten und eine Grundlage für den Pflanzenwuchs zu schaffen.
Doch zunächst zu den möglichen Beschichtungsmaterialien: (Abb. 12)
Eine Vielzahl von Substraten findet hier Anwendung. Zum einen das in der „Pfeilgiftfroschszene“ bekannte Xaxim (Stämme der Baumfarne aus Südamerika und Neuseeland) als Bretter oder Fasern, Weißtorfziegel (Gärtnereien), loser Torf oder Kokosfasererde und Korkschredder.

Substrate:

- Weißtorfziegel
- loser Torf
- Xaximbretter und Xaximfasern
- Kokosfasererde
- Korkschredder

Um verschiedene Strukturen zu erhalten, werden nun größere und kleinere Bruchstücke des jeweils gewählten Materials (eine Kombination ist natürlich auch möglich) erzeugt. Weiterhin wird mit Hilfe einer alten, ausgedienten Kaffeemühle sehr feines Pulver aus den oben genannten Materialien gemahlen. Im Hintergrund der Abb. 12 ist sehr schön zu erkennen, was mit der Zeit bei entsprechenden Bedingungen, wie hohe Feuchtigkeit und Lichtintensität, an Moosen und Farnen aus einem Weißtorfziegel sprießen kann.

Vorgehensweise:
Das Substrat sollte absolut trocken sein (ggf. im Backofen mehrere Stunden trocknen). Da die Oberfläche der Styroporplatten nun relativ hart geworden ist und sich an einigen Stellen ein scharfkantiger Grat gebildet hat, ist es zur Vermeidung von Verletzungen der Terrarienbewohnern notwendig, diesen Grat zu entfernen. Dazu wird mittels eines Arbeitshandschuhs über die Oberfläche gestrichen, wobei die vorstehenden Kanten abbrechen. Anschließend können nun größere Bruchstücke des gewählten Substrates als weitere Etagen (vorzugsweise als „Rufplätze“ vor den Höhlen) an den Berg geklebt werden (s. Abb. 13, unterster Bereich). Die restlichen freien Stellen werden etappenweise mit Silikon eingestrichen. Am besten geschieht dies mit den Fingern (Gummihandschuh), da man so mehr Gefühl hat und das Silikon in jede Unebenheit „einmassieren“ kann. Da Silikon auch schwer an Gummi haftet, kann es am nächsten Tag nach der Vernetzung einfach von den Handschuhen abgezogen werden. Ich verwende schwarzes Silikon, da bei transparentem Silikon an einigen nicht mit dem Substrat bedeckten Stellen das weiße Styropor durchschimmern kann.
Das Beschichtungssubstrat wird entsprechend der Größe der zu beschichtenden Teile in eine angemessene Wanne gegeben, und die mit Silikon eingestrichenen Teilbereiche des Berges werden in das Substrat gedrückt. Von Hand wird das Substrat weiter eingepresst. Für die erste Schicht streue ich das fein gemahlene Pulver auf das zuvor aufgetragene Silikon (s. Abb. 13), Bereich direkt unterhalb der schwarzen Silikonschicht). Tiefe Höhlen und Pflanzlöcher werden im ersten Schritt zunächst mit dem feinen Pulver aufgefüllt,

Abb. 13: Stufen der Beschichtung

und dieses wird eingepresst. Im zweiten Durchgang wird dieser Vorgang mit dem gröberen Substrat wiederholt. Durch das zuvor eingestreute, sehr feine Pulver ist eine nahezu komplette Abdeckung des Styropors/Silikons gewährleistet.

Dieser Vorgang wird bis zur vollständigen Beschichtung des Bergs wiederholt, das überschüssige Substrat vorsichtig abgeschüttelt und der Berg zum Trocknen aufgestellt.

Mit der Bodenplatte wird genauso verfahren, allerdings natürlich nur in den nicht vom Berg bedeckten Bereichen (s. hierzu auch Abb. 14).

Das überschüssige Substrat wird zunächst vorsichtig abgeklopft und am nächsten Tag mit dem Staubsauger abgesaugt. Nun wird der Berg noch ein paar Tage zum Auslüften nach draußen gestellt und mit Wasser abgespült. Dann ist er fertig und kann in das Terrarium eingebaut werden.

Abb. 14: Einbau der Bodenplatte

Abb. 15: Einbau des Komplettberges

Endmontage:
Zunächst wird die Bodenplatte mit Silikon fest in das Terrarium eingeklebt (Abb. 14). Dies natürlich nur, wenn der zuvor gewählte Pumpenplatz es erlaubt. Kurz erwähnt sei die links im Bild zu sehende zweite Pumpe, die eine an der Deckelglasscheibe des Terrariums befestigte Regenanlage speist. Nun wird der Styroporberg in das Terrarium eingebracht. Je nach Größe der zu pflegenden Tiere ist es ratsam, den Berg einzukleben, um sowohl ein Verstecken der Futtertiere zu verhindern als auch die Terrarienbewohner vor tödlichen Sackgassen zu schützen.
Man sollte aber hierbei mit dem Silikon sparsam umgehen, wenn man sich nicht sicher ist, ob der Berg später einmal wieder entfernt werden soll. Die Klebenähte werden wiederum mit Substrat bestreut, um einen fließenden Übergang zu einer evtl. bereits vorhandenen Rückwand zu erhalten.

Abb. 16: Becken am Tage der Einrichtung

Einrichtung:
Zunächst wird an den gewünschten Stellen Java- oder Lebermoos großzügig ausgelegt. Das Moos sollte immer Kontakt zum Wasser haben. Bei ausreichender Beleuchtung und täglichem Besprühen sollte es sehr rasch anwachsen. Hat das Javamoos erst einmal „Fuß gefasst", entwickelt sich sehr bald auch in den etwas trockeneren Bereichen ein sehr schöner, hellgrüner Teppich. Ich würde das Terrarium zunächst nicht weiter bepflanzen, da so das Javamoos am Boden am Anfang mehr Licht erhält.
Auf Waldmoos verzichte ich gänzlich, weil darin eine Vielzahl von nicht immer erwünschten Kleinlebewesen (Kellerasseln, Nacktschnecken o. Ä.) enthalten ist.
Meist hat man hieran auch nicht viel Freude, da die im Terrarium vorherrschenden Temperaturen auf Dauer unseren einheimischen Moosen nicht bekommen.
Zur Erzeugung unterschiedlicher Bodenschichten und zur Erzielung eines natürlicheren Aussehens kann getrocknetes und zuvor in der Mikrowelle oder Backofen sterilisiertes Laub an den entsprechenden trockeneren Stellen eingebracht werden.
Sollte unser mit Torf oder anderem Beschichtungsmaterial gestalteter Berg innerhalb der ersten Tage nach Inbetriebnahme anfangen, leicht zu schimmeln, so ist dies ein ganz normaler Vorgang, der auch bei den Xaxim-Rückwänden am Anfang zu beobachten ist. Dieser Schimmel muss anfänglich immer wieder mit Wasser, am besten mit einem Drucksprüher, abgespült werden. Erst nachdem sich kein neuer Schimmel bildet, würde ich das Terrarium komplett bepflanzen und später die Tiere einsetzen.
Im Bereich der Wasserrinne und in der Spritzwasserzone halten sich sehr gut verschiedene Javafarnarten.
Bromelien wie z. B. *„Neoregelia schultesiana"* (*„N. fireball"*) (siehe Seite 96 f.) schneidet man einfach von der Mutterpflanze ab und kann sie dann direkt mit dem Stiel in das Styropor drücken. Innerhalb von ein paar Tagen

Abb. 18: Teichbereich mit Javamoos

Abb. 19: Kleine Äste, Moorkienwurzel und Orchideen auf Kork lassen sich ohne Probleme mit Draht (Edelstrahl) an dem Berg befestigen.

bilden sich die ersten Wurzeln, und die Pflanze verankert sich am Berg. Kleine Äste, Moorkienwurzeln und Orchideen auf Kork lassen sich ohne Probleme mit Draht (Edelstahl) an dem Berg befestigen.

Zum Schluss noch ein kleiner Preisüberblick:

- Verschiedene Styroporplatten: circa 15 €
- 15–20 Silikontuben (ich habe irgendwann aufgehört zu zählen): rund 75 €
- Torf: etwa 2,50 €
- Pumpe: ungefähr 45 €
- Verbindungsteile: um die 15 €
- Arbeitszeit: circa 12–15 Stunden

Mengen und Preise sind natürlich abhängig von der jeweiligen Wasserfallgröße.

Die in dieser Bauanleitung geschilderten Arbeitsabläufe und vor allem die gewählten Materialien sind bestimmt nicht der „Weisheit letzter Schluss" und sollen nur animieren, selbst mit verschiedenen Materialien zu experimentieren.
Eines ist jedenfalls sicher: Jeder selbst gebaute Wasserfall ist ein Unikat und stellt somit etwas Besonderes dar. Er erfreut sicherlich nicht nur unser Auge und verschönert unser Wohnzimmer, sondern ist auch für das Gesamtklima des Terrariums von großer Bedeutung, sodass sich unsere Pfleglinge wohl fühlen – denn das ist das Bestreben eines jeden ernsthaften Terrarianers.
Die Wasserfälle und Styropor-Strukturrückwände sind sowohl bei mir als auch bei Hobbykollegen schon jahrelang im Einsatz und werden mit der Zeit von den Pflanzen nahezu überwuchert, und die integrierten Höhlen werden von den Fröschen sehr gerne angenommen.

Einrichtungsvorschläge und Gestaltung eines Regenwaldterrariums

Sind die Rück- und Seitenwände mit den im Kapitel „Die Inneneinrichtung" (Seite 19 ff.) vorgestellten Materialien verkleidet, können beispielsweise dekorative Steine, Wurzeln, Äste und Korkeichenrinde für die weitere Gestaltung des Tropenterrariums integriert werden. Wir verwenden überwiegend Wurzeln und Aststücke von heimischen Laubhölzern (Eiche, Rebholz), die in Feuchtterrarien besonders haltbar sind und gute Voraussetzungen zum Aufbinden von Pflanzen bieten.
Äste und gesammelte Wurzelreste aus dem Wald werden gründlich mit Wasser abgespült und geschruppt, bevor sie bei 100 °C für 10 Minuten im Backofen erhitzt werden, um zu trocknen und um Schädlinge zu elimieren.
Moose aus dem eigenen Garten oder aus Gartenbaubetrieben wässern wir mindestens zwei Tage lang in einem Zehn-Liter-Eimer im Freien, um keine ungebetenen Gäste wie Schnecken und Asseln einzuschleppen.
Den gestalterischen Möglichkeiten sind nun keine Grenzen mehr gesetzt. Wir haben versucht, durch unsere Fotos Einrichtungsvorschläge anschaulich darzustellen.

Das Aufbinden und Befestigen der Pflanzen

Die benötigten Materialien (Korkeiche, trockene Äste, Xaxim, Weißtorf) für das Aufbinden und Befestigen der Pflanzen im Regenwaldterrarium sind in Terrarienfachgeschäften oder auf Terrarienbörsen erhältlich. Ebenfalls erforderliche Werkzeuge – Seitenschneider, Säge, Taschenmesser – sowie Nylonschnur sind z. B. in Baumärkten erhältlich.

Aufbinden einer Bromelie

Ein Aststück wird zuerst mit reichlich Moos als Wasserspeicher belegt, das mit grünem Blumenbindedraht oder einer Nylonschnur (0,5 mm) fest aufgebunden wird, um es der Bromelie zu ermöglichen, leichter Wurzeln zu bilden. Befreien Sie die Bromelie von erdigen Teilen (ohne die Wurzeln zu verletzen!) und ummanteln Sie den Wurzelballen zusätzlich mit genügend Moos, bis er vollständig eingehüllt ist (et-

Das Moos ist mit grünem Bindedraht befestigt.

Werkzeug und Naturmaterialien für das Aufbinden

Aufgebundene Bromelie an einem Korkeichenast

wa 2 cm dick). Verbinden Sie dann die Bromelie an der gewünschten Stelle mit dem Aststück; dazu verwenden Sie am besten Nylonschnur (je nach Aststärke 50–100 cm lang). Nachdem der Wurzelballen der Bromelie mit dem Ast verbunden ist (fünf- bis sechsmal umwickelt), wird das Aststück im Terrarium integriert. Sie können es entweder mit der Rück- oder der Seitenwand verschrauben (Edelstahlschrauben!) – was natürlich nur bei Wänden aus Kork möglich ist –, oder Sie kleben es mit Aquariensilikon ein.

Aufbinden eines Farns auf eine Baumfarnplatte

Sie benötigen 3–4 Krampen aus 1-mm-Edelstahldraht, einen Handbohrer und Moos.
Legen Sie auf eine zugeschnittene Baumfarn- oder Korkplatte eine 1–2 cm starke Schicht Moos und befestigen Sie diese mit den vorgebogenen Drahtkrampen (eventuell vorbohren). Platzieren Sie nun das Farnstück

Baumfarnplatte mit Moos kaschiert

Der epiphytische Farn fertig aufgebunden

zusammen mit weiterem Moos auf der unteren Moosschicht und befestigen Sie es mit etwa zwei Drahtkrampen an der Grundplatte aus Baumfarn oder Kokosfaser.
Statt der Drahtkrampen können Sie auch grünen Bindedraht benutzen: Moos und trockenes Laub (Buche, Eiche) werden zuerst wie bei einem Sandwich abwechselnd über die Baumfarn- oder Kokosfaserplatte gelegt und mit dem grünem Bindedraht verschnürt. Darauf kommt die Pflanze, die samt Moos mit Krampen auf die Platte gesteckt wird. Die Grundplatte wird ebenfalls mit Krampen im Terrarium auf Rück- oder Seitenwand gesteckt oder mit Edelstahlschrauben eingeschraubt. Zum Kaschieren der Krampen eignet sich Moos.
Nach etwa drei Monaten hat das Moos auch den kleinsten Rest einer noch sichtbaren Drahtkrampe verdeckt, und die Wurzeln von Farnen oder Orchideen verbinden sich mit der Unterlage.

Bepflanzung eines Korkeichenstammes
Korkeiche ist besonders gut geeignet, um einen schrägen oder waagerechten Epiphytenast im Terrarium zu integrieren. Ein geschlossener, hohler Korkeichenast (oft kann man auch lediglich die röhrenförmige Rinde erwerben) von etwa 10–15 cm Duchmesser wird auf die gewünschte Länge geschnitten. Wollen Sie den Ast waagerecht im Terrarium einbauen, sollten Sie immer einige Zentimeter Länge dazurechnen und den Ast erst im Terrarium endgültig anpassen.
Die Oberseite des hohlen Korkeichenastes wird mit einer Zange von überflüssigen Korkteilen befreit, damit ein U-förmiges Profil entsteht, um die Pflanzen mit ausreichendem Seitenabstand platzieren zu können.
In die Unterseite des Korkeichenastes bohren Sie im Abstand von 10–15 cm Löcher von etwa 10 mm Durchmesser, damit überschüssiges Wasser sofort ablaufen kann.

Fest verwachsener Farn auf einem Korkbrett

Quer durch ein Terrarium verlaufender Korkeichenstamm, dicht bepflanzt

Der richtige Standort der Pflanzengemeinschaften im Tropenterrarium und Einrichtungsvorschläge sowie Mindestanforderungen für die einzelnen Pflanzengruppen

Der richtige Standort für Ihre Pflanzen im Terrarium hängt von deren unterschiedlichen Lichtbedürfnissen und somit von der Entfernung des Leuchtmittels zu den Pflanzen ab.

Die ersten Fragen, die Sie sich stellen sollten, lauten: Wieviel Platz benötigen die Pflanzen, um sich optimal entwickeln zu können? Handelt es sich um bodenbewohnende oder um epiphytisch wachsende Arten ?

Für das Terrarium kann man folgende grobe Regeln aufstellen (aber: keine Regel ohne Ausnahmen!): Farne können in den unteren bis mittleren Teil des Terrariums gepflanzt werden, Orchideen in den mittleren bis oberen und Bromelien in den oberen oder gut beleuchteten mittleren Teil.

Ein besonders wichtiger Faktor ist die Größe oder besser das Volumen des Tropenterrariums. Zwar sind etwa zwei Drittel der von uns vorgestellten Pflanzen eher als kleinwüchsig einzustufen, was jedoch nicht bedeutet, dass man sie auch in kleinen Terrarien kultivieren sollte.

Die entscheidenden Aspekte beim Kauf oder Selbstbau eines Terrariums sind dessen Größe und Volumen. Je größer das Regenwaldterrarium, desto leichter sind Pflanzen und Tiere in der Regel zu pflegen.

Es ist wichtig, die Mindestanforderungen der Pflanzen in Bezug auf das zur Verfügung stehende Luftvolumen des Tropenterrariums zu beachten, um die Pflanzen kultivieren zu können. Die geringsten Ansprüche in dieser Hinsicht stellen Farne, denn selbst mittelgroße Arten können jahrelang selbst in kleineren Terrarien (50 x 50 x 50 cm) gepflegt und vermehrt werden, wenn genügend Licht zur Verfügung steht.

Die zweite Gruppe bilden klein bleibende Bromelien, die noch in Terrarien von nur 60 x 60 x 60 cm gut wachsen, wenn ihre Bedürfnisse beachtet werden.

Orchideen sind nur in sehr großzügig dimensionierten Terrarien zu pflegen. Ein Volumen von 400 l ist die Mindestanforderung, um diese Pflanzen über einen längeren Zeitraum erfolgreich kultivieren zu können. Die Höhe des Terrariums ist der wichtigste Faktor und sollte 80 cm nicht unterschreiten. Ideale Maße sind 100 x 70 x 140 cm. Für alle Arten gilt jedoch: Das Terrarium kann eigentlich nicht zu groß sein.

Pflanzengemeinschaft im Tropenterrarium

Lichttechnische Grundbegriffe

Um sich mit dem später folgenden Kapitel „Beleuchtungsmittel“ auseinanderzusetzen, ist ein genaueres Verständnis der verwendeten lichttechnischen Grundbegriffe hilfreich. Wenn wir an einem wunderschönen frühen Sonntagmorgen im Frühling in Richtung Osten aus unserem Garten blicken, schiebt sich die Sonne langsam über einen gerade blühenden Birnenbaum. Der Tag erwacht mit dem Licht der aufgehenden Sonne. Licht ist nichts anderes als elektromagnetische Strahlung, die von unserem Auge als Helligkeit – wie beim Sonnenaufgang – wahrgenommen wird. Genau genommen handelt es sich beim Licht um Strahlung mit einer Wellenlänge etwa zwischen 360 und 830 nm (nm = Nanometer, Maßeinheit für die Wellenlänge des Lichtes, entspricht dem Milliardstel eines Meters). Unser Auge nimmt jedoch nur das geringe Spektrum ungefähr zwischen 500 und 630 nm wahr. Pflanzen benötigen jedoch ein Strahlungsspektrum zwischen 350 und 670 nm.

Die Hersteller der Beleuchtungsmittel haben sich natürlich viele nützliche Dinge für den speziellen Bereich der Pflanzenbeleuchtung ausgedacht und benutzen Fachausdrücke wie „Lichtfarbe“ und viele andere lichttechnische Grundbegriffe.

Einige dieser Fachausdrücke sind auch für den Terrarianer interessant, um sich kompetenter für das adäquate Beleuchtungsmittel entscheiden zu können. Der Fachhandel kann für jedes Beleuchtungsmittel (Glühlampe, Leuchtstofflampe, Energiesparlampe, Quecksilberdampflampe etc.) exakte Auskunft über die Leistung und die lichttechnischen Daten geben.

Zu den elementaren Grundbegriffen gehört u. a. der des Lichtstroms, der mit der Einheit Lumen (lm) bezeichnet wird und die Strahlungsleistung der Lichtquelle angibt. Die Beleuchtungsstärke wird in Lux (lx) angegeben und stellt das Verhältnis des einfallenden Lichtstroms (Lumen) zur beleuchteten Fläche dar.

Wichtig für uns Terrarianer ist es, die Beleuchtungsstärke für unsere im Normalfall recht kleinen Terrarien selbst errechnen zu können, um eine optimale Beleuchtung zu erreichen. Die Angaben der Hersteller zur Beleuchtungsstärke (in Lux) beziehen sich nämlich normalerweise auf eine Fläche von 1 m^2 und Lichteinfall aus einem Meter Höhe. Die Formel zur Errechnung der Beleuchtungsstärke lautet: Anzahl der Lumina geteilt durch die Fläche (in m^2), auf die das Licht aus einem Meter Höhe fällt. Sind die Lumenzahl des Beleuchtungskörpers (siehe Angabe des Herstellers) und die Terrariengröße bekannt (z. B. 2 m^2 Grundfläche und 1 m Höhe), kann man mit diesen Daten die benötigte Beleuchtungsstärke (Lux-Zahl) nach der oben genannten Formel berechnen.

Beleuchtungsstärke (Lux) =
Lumen / Fläche in m^2

Beträgt die Lumenleistung des Leuchtmittels z. B. 10.000 Lumen, und müssen wir 2 m^2 ausleuchten, so beträgt die Beleuchtungsstärke (Lux):

10.000 lm : 2 m^2 = 5000 lx

Halbieren wir die zu beleuchtende Fläche auf 1 m^2 bei gleicher Lumenleistung (10.000 lm), erzielen wir dementsprechend die doppelte Beleuchtungsstärke von 10.000 lx – vorausgesetzt, der Lampenreflektor kann die 10.000 lm auf eine Fläche von 1 m^2 bündeln, sodass nicht ein einziges Lumen verloren geht. Damit unsere Formeln nicht bloße Theorie bleiben, prüfen wir stets mit einem „Luxmeter“ nach, um sicher zu stellen, dass die berechneten und angegebenen Werte auch tatsächlich erreicht werden.

Die Beleuchtungsmittel

Wer die Wahl hat, muss sich nicht unbedingt quälen. Aus dem riesigen Angebot der Beleuchtungsindustrie beschreiben wir fünf verschiedene Lampen, die wir seit Jahren in unseren Terrarien verwenden und regelmäßig auf ihre Beleuchtungsstärke überprüfen. Die Eignung des Beleuchtungsmittels für ein Tropenterrarium hängt stark von der zu beleuchtenden Grundfläche und der Höhe des Terrariums ab. Sämtliche Herstellerangaben über die Beleuchtungsstärke einer Lampe beziehen sich, wie bereits erwähnt, auf eine Fläche von 1 m² und Lichteinfall aus einem Meter Höhe.

Kleinere Terrarien mit Maßen von etwa 40 x 40 x 40 cm lassen sich ausreichend mit zwei Leuchtstoffröhren (Osram Fluora) ausleuchten, die besonders den blauen und roten Spektralbereich abdecken.

> Die 40-cm-Röhren verbrauchen zusammen 30 Watt und erreichen eine Beleuchtungsstärke von
> ca. 8000 lx (10 cm Abstand zur Lampe),
> ca. 4500 lx (20 cm Abstand zur Lampe)
> ca. 2500 lx (30 cm Abstand zur Lampe)
> ca. 1500–1800 lx (auf dem Boden, 40 cm Abstand zur Lampe)

Laut Herstellerangabe erzeugt eine 15-W-L-Fluora einen Lichtstrom von 400 Lumen pro beleuchteter Fläche von 1 m², wenn sich das Beleuchtungsmittel in 1 m Höhe über dieser Fläche befindet.

Um das Licht auf einer Fläche von 40 x 40 cm oder 1 m² zu bündeln, benötigt man einen guten Reflektor, beispielsweise aus Aluminium oder aus mit Aluminium beschichtetem Glas.

Wir folgern aus Angaben und Messwerten für die Beleuchtungsstärke der zwei L-Fluora-Leuchtstofflampen, dass sie ausreichen, um ein Terrarium mit einer Grundfläche von 40 x 40 cm und einer Höhe von ebenfalls 40 cm genügend auszuleuchten und ein zufriedenstellendes Pflanzenwachstum sowohl im oberen als auch im unteren Bereich zu gewährleisten. Im unteren Bereich gedeihen bei einer derartigen Beleuchtung allerdings nur noch wenig lichthungrige Farne. Der Vorteil dieser Beleuchtungsvariante liegt in der Tatsache begründet, dass Pflanzen in unmittelbarer Nähe der Lampe platziert werden können, ohne Schaden zu nehmen, weil nur ein kleiner Teil der Energie als Wärme abgestrahlt wird.

Ein größeres Volumen des Behälters, vor allem eine größere Höhe, kann jedoch mit dieser geringen Lampenleistung nicht ausgeleuchtet werden, weil der untere Bereich dann nicht mehr ausreichend Licht erhalten würde. Dementsprechend sind die Lampenleistung und die damit verbundene höhere Beleuchtungsstärke nach oben zu korrigieren.

Ein extremes Beispiel veranschaulicht die Lampenleistung der zwei 15-W-Röhren, die wirklich nur für solch kleine Würfelterrarien von etwa 40 x 40 x 40 cm benutzt werden sollten:

Betrachten wir die Herstellerangaben von 400 Lumen pro m² (1 m Abstand zur Röhre), so würden wir eine Beleuchtungsstärke von 400 Lumen x 2 Röhren = 800 Lumen pro m² erreichen, was einer Beleuchtungsstärke von 800 lx entspricht. Diese geringe Lichtmenge reicht nicht aus, um Pflanzen auch nur annähernd ein gesundes Wachstum zu ermöglichen, wenn das Terrarium höher als 60 cm ist.

Die Lebensdauer der Neonlampen beträgt laut Herstellerangaben rund 10.000 Betriebsstunden. Wenn wir von einer durchschnittlichen Belichtungsdauer von 13 Stunden pro Tag ausgehen, brennen die Lampen im Jahr 4.745 Stunden. Das bedeutet, dass die Röhren spätestens nach zwei Jahren ausgetauscht werden müssen.

Unsere Empfehlung lautet aber: Lieber einmal pro Jahr die Röhren wechseln, um eine

gleichmäßige Beleuchtungsstärke zu erreichen.
Wir beleuchten vier Terrarien (50 x 50 x 50 cm) mit den oben beschriebenen Röhren, die komplett mit Vorschaltgerät, Reflektor und Leuchtmittel vertrieben werden.
Alternativ können zwei Energiesparlampen pro Terrarium zum Einsatz kommen, die z. B von der Firma Osram als „Dulux D" mit konventionellen Vorschaltgeräten oder als „Dulux TIE", mit elektronischen Vorschaltgeräten angeboten werden.
Die Lampen sind wahlweise einzeln im Bausatz oder komplett mit Reflektor und Vorschaltgerät als Einbausatz zu beziehen. Wir verwenden mit guten Ergebnissen „Dulux-D"-Lampen (Warmton) ab 18 W, deren Lichtleistung einer 100-W-Glühlampe entspricht. Der Stromverbrauch liegt also bei etwa 1/5 der herkömmlichen Glühlampe – bei achtfacher Lebensdauer laut Herstellerangabe. Der Lichtstrom ist trotz der geringen 18 W enorm groß und beträgt 1200 Lumen.

Eine 26-W-Lampe erreicht 1800 Lumen. In unserem Test ergaben sich folgende Werte für die Beleuchtungsstärke:
10 cm Abstand von der Lampe: ca. 15.000 Lux
20 cm Abstand von der Lampe: ca. 10.000 Lux
30 cm Abstand von der Lampe: ca. 5.500 Lux
Boden (ca. 50 cm Abstand von der Lampe): ca. 3.000 Lux

Vergleicht man die beiden Messergebnisse miteinander (Neon- und Energiesparlampe), so kommt man zu dem Schluss, dass mit den Energiesparlampen eine annähernd doppelt so hohe Beleuchtungsstärke erreicht wird.
Ein Vorteil spricht jedoch für die Leuchtstoffröhren: Längere Terrarien werden von den länglichen Neonröhren gleichmäßiger ausgeleuchtet als von den eher punktuell einsetzbaren Energiesparlampen. Jedoch kann ein 50 x 50 x 50 cm messender Terrarienwürfel durchaus mit zwei Dulux-D-Lampen ausreichend beleuchtet werden. Einseitiges Pflanzenwachstum (Längenwachstum) konnten wir bisher nicht beobachten, wenn diese Lampen eingesetzt wurden. Die „Osram-Dulux-TIE"-Version mit elektronischem Vorschaltgerät bietet den Vorteil größerer Lampenleistung, z. B.:

32 Watt – 2.400 Lumen (entspricht einer 150-W-Glühlampe)
42 Watt – 3.200 Lumen (entspricht einer 200-W-Glühlampe)
Geeignet ist diese Lampensorte für längere Terrarien bis 60 cm Höhe.

Wir beleuchten eines unserer Terrarien mit den Maßen 80 x 40 x 65 cm mit zwei „Dulux D, 18 Watt, Warmton" – mit sehr guten Ergebnissen !
Für mittelgroße bis große Terrarien haben sich Quecksilberdampflampen der Baureihe „HQL-De Luxe" mit 50 oder 125 Watt bewährt.
Ihr Farbspektrum ist auf Pflanzenwachstum abgestimmt. Die Lichtstromwerte für die 50- und die 125-Watt-Lampe betragen 4000 und 6500 Lumen.
Die Lampen werden ziemlich heiß und müssen etwa 40 cm über dem Terrarium aufgehängt werden. Dennoch werden auch hohe Terrarien mit genügend Licht zufriedenstellend ausgeleuchtet.

Die von uns gemessene Beleuchtungsstärke lag für die 125-W-Lampe bei folgenden Werten:
50 cm unter der HQL-Lampe: 6.000 lx
60 cm unter der HQL-Lampe: 4.500 lx
70 cm unter der HQL-Lampe: 3.000 lx
80 cm unter der HQL-Lampe: 2.200 lx

Damit sind solche 125-W-Lampen für Terrarien bis maximal 1 m Höhe geeignet.
Die 80-W-Lampe beleuchtet Terrarien mit einer Höhe bis 60 cm ausreichend. HQL-Lam-

pen benötigen ein Vorschaltgerät und sind nicht heiß zündbar. Der Anlaufstrom liegt bis zu 40 % höher als die Betriebsstromstärke. Die Lampen sind für den Dauerbetrieb ausgerichtet und haben eine Lebensdauer von etwa 8.000 Betriebsstunden.
Für lange, hohe Terrarien ist eine Kombination aus HQL- und Leuchtstofflampen notwendig.
Eine weitere Beleuchtungsvariante ist bestens für große bis sehr große Terrarien geeignet und sorgt für eine optimale Ausleuchtung: Natriumdampf-Hochdrucklampen werden auch im gewerblichen Pflanzenbau eingesetzt, jedoch ausschließlich die 400- und 600-Watt-Versionen. Die Lampen werden von verschiedenen Herstellern unter diversen Namen angeboten, z. B. als „NAV Super“ oder „SONT-Argo-Natriumdampf-Hochdrucklampe“.
Für unsere Zwecke sind 70- und 100-Watt-Lampen ausreichend, da wir relativ kleine Flächen beleuchten. Zwei unserer Terrarien werden mit 70-Watt-Lampen beleuchtet; wir erzielen dort in Bezug auf das Pflanzenwachstum die besten Ergebnisse. Die Terrarien haben eine Höhe von 80 und 120 cm und benötigen deshalb ein Beleuchtungsmittel, das auch bis 30 oder 40 cm über dem Boden noch genügend Licht ausstrahlt.
Den Herstellerangaben zufolge übertrifft dieser Leuchtentyp alle anderen Beleuchtungsmittel in jeder Hinsicht: Die 70-Watt-Lampe erreicht einen Lichtstrom von 6.500 Lumen, die 100-Watt-Version von 10.000 Lumen.

Unsere 70-Watt-Lampe erzielt im Test folgende Ergebnisse:

20 cm Abstand von der Lampe:	ca. 22.000 lx
30 cm	ca. 15.000 lx
40 cm	ca. 12.000 lx
50 cm	ca. 8.000 lx
60 cm	ca. 6.000 lx
70 cm	ca. 5.000 lx
80 cm	ca. 3.000 lx

Die 70-Watt-Lampen sind ca. 20 cm über den Terrarien installiert. Neben dem Licht nutzen wir auch die von den Leuchten abgegebene Wärme, sodass wir etwa 26 °C im oberen Drittel des Terrariums erreichen.
Mittlerweile wachsen Bromelien bis unter die obere Glasabdeckung. Sie haben eine herrliche, rote Farbe angenommen, wie man sie sonst nur bei Bromelien am Naturstandort findet.
Das Farbspektrum der Lampen bewegt sich im für die Pflanzen optimalen Bereich: Die Pflanzen wuchern so üppig, dass durch das dichte Blätterdach kaum noch Licht auf den Boden dringt. Vielen Terrarienbewohnern, z. B. Pfeilgiftfröschen, gefällt es ja ohnehin besser im unteren, dunkleren Bereich, obwohl sie auch häufig ein warmes Wasserbad in Bromelientrichtern weiter oben nehmen.
Die Lebensdauer der Lampen beträgt laut Herstellerangabe 8.000–9.000 Betriebsstunden. Unsere Natriumdampf-Hochdrucklampen strahlen bereits im dritten Jahr ohne nennenswerte Einbußen der Beleuchtungsstärke.
Beste Qualität hat aber auch ihren Preis: Beispielsweise bei einer Gewächshaus-Firma kostet die komplette Lampe mit Vorschalt- und Zündgerät sowie Reflektor 140 €.
Als möglichen Nachteil hatten wir die gelbliche Lichtstrahlung befürchtet, die sich jedoch nach unseren Erfahrungen beim Betrachten des Terrariums und seiner Bewohner nicht nachteilig auf die Optik auswirkt. Terrarien mit einer Länge von 100 cm und 80 cm Höhe kann man mit einer Lampe ausreichend beleuchten. Für sehr große Terrarien (z. B. 120 x 150 x 130 cm) sollten zwei Lampen eingeplant werden.
Wie die HQL-Lampe ist auch die Natriumdampf-Hochdrucklampe nicht heiß zündbar (Wartezeit ca. 5 min). Der Anlaufstrom (Hochspannung) bedeutet während der Zündung der Lampe erhöhten Stromverbrauch.
Die Lampen sind für viele Betriebsstunden pro Tag ausgerichtet und möglichst per Zeitschaltuhr einmal pro Tag ein- und auszuschalten.

Orchideen (gr. orchis = Hoden [wegen der Form der Wurzelknolle einiger Arten])

Die geographische Verbreitung der tropischen Orchideen:
Die Orchideen bilden die größte Pflanzenfamilie dieser Erde mit 25.000–30.000 Arten und etwa 750 Gattungen. Sie sind in fast allen Klimazonen vertreten, wenn auch der Schwerpunkt in den Tropen und Subtropen liegt, ebenso wie bei Amphibien und Reptilien. Etwa 80 % aller Orchideenspezies bevorzugen den Bereich nahe dem Äquator.
Hauptverbreitungsgebiete sind:
Indonesien, Thailand, Philippinen, Java, Neuguinea, Borneo, Malaysia, Australien, Afrika, Madagaskar sowie Mittel- und Südamerika.
Orchideen besiedeln tropische Tieflandregenwälder; noch artenreicher sind sie in Bergregenwäldern.

Klimaverhältnisse:
Die regionalen Klimadaten in den Tropen sind sehr unterschiedlich, wenn man die einzelnen Kontinente sowie die Höhenstufen der Regenwälder betrachtet.

Tieflandregenwälder von 0–800 m ü. NN: maximal 28–36 °C am Tage
Montaner Regenwald von 900–1500 m ü. NN: 24–28 °C am Tage
Nebelwälder von 1900–3000 m ü. NN: 12–20 °C am Tage
Während der Nacht sinken die Temperaturen um etwa 3–6 °C, und zusätzlich um 2–4°C je 500-m-Höhenstufe.

Amazonas:
Die Tieflandregenwälder im Amazonasgebiet sind besonders in den Monaten Januar bis Juni sehr regenreich. Nur geringfügig weniger Regen fällt in den restlichen Monaten des Jahres.
Die Temperaturschwankungen sind im Jahresdurchschnitt gering:
Der wärmste Monat: November mit etwa 26–29 °C (maximal 36 °C).
Der kälteste Monat: März mit etwa 23–26 °C.
Die Luftfeuchtigkeit liegt konstant hoch bei etwa 70–90 %.

Da diese Tieflandregenwälder sehr häufig überflutet werden, spielt sich ein großer Teil des Tier- und Pflanzenlebens in den Urwaldriesen und somit auch in den hoch gelegenen Epiphytenästen der Bäume ab. Der Orchideenreichtum ist im Tieflandregenwald nicht so groß wie beispielsweise in den montanen Regenwaldgebieten.
Die montanen Regenwaldgebiete Brasiliens sind mit etwa 2000 Arten eine der an Orchideen reichsten Regionen der Erde.

Mittelamerika:
Auch in Costa Rica, Panama und Nicaragua trennen Gebirgszüge, die 2000–3500 m Höhe erreichen, die wärmere und feuchtere karibische Klimazone von der gegenüber liegenden pazifischen Seite. In der pazifischen Zone herrschen eine so genannte Trockenzeit von Dezember bis April und eine Regenzeit von Mai bis November, die jedoch, je nach Höhenlage, stark variieren. Tägliche kurze Regenschauer sind auch in der Trockenzeit nicht ungewöhnlich.

Neuguinea:
Zweifellos gehört diese zweitgrößte Insel der Erde zu den interessantesten, vielfältigsten und artenreichsten Gebieten, was Flora und Fauna betrifft. Ungefähr 4000 verschiedene Arten von Orchideen wachsen in den Tiefland- und montanen Bergwäldern der zum Teil noch unberührten Insel. Viele davon sind Endemiten (kommen also nur dort vor), und immer wieder werden neue Arten entdeckt.
Hohe Gebirgszüge durchziehen die Insel und haben gigantische Bergregenwälder entstehen lassen. Der von Monsunwinden mitgeführte Regen lässt je nach Höhenlage ein extrem

Encyclia prismatocarpa

feuchtwarmes Klima entstehen, das ideale Wachstumsbedingungen für die Pflanzenwelt schafft.

Die Tieflandregenwälder (bis etwa 800 m ü. NN) weisen je nach Lage ebenfalls hohe Niederschläge auf, die je nach Jahreszeit mehr oder weniger heftig ausfallen (1000– 6000 mm pro Jahr). Die konstant hohen Temperaturen schwanken im Jahresmittel nur um wenige Grade. Im Durchschnitt erreichen sie 25–35 °C am Tage und sinken in der Nacht selten unter 20 °C. Die Luftfeuchtigkeit liegt bei 70–90 %.

Die Bergwälder sind noch regenreicher, die Temperaturen jedoch nicht so extrem hoch. Pro 600-m-Höhenstufe nimmt die Temperatur etwa um 4 °C ab, die relative Luftfeuchtigkeit dagegen steigt stetig an.

Besondere Lebensweisen und Wuchsformen der Orchideen

Einige Orchideenarten wachsen terrestrisch, einige lithophytisch (auf Steinen), der weitaus größte Teil jedoch epiphytisch: 90 % der Orchideenarten sind solche Aufsitzerpflanzen.

Orchideen ernähren sich wie alle reinen Epiphyten nicht parasitisch von anderen Pflanzen, sondern „halten sich an ihnen fest“, um z. B. in den Genuss höherer Lichtintensität zu kommen, wie bereits ausgeführt. Sie klammern sich mit einem Teil ihrer Wurzeln (Haftwurzeln) auf dem Ast eines Urwaldriesen an. Die Konkurrenz ist groß, und je höher ihr Wuchsort, desto mehr Licht kann die Pflanze erreichen, desto besser muss sie aber

Monopodialer Wuchs

auch an intensive Sonnenstrahlung und zeitweiliges Abtrocknen angepasst sein.
Alle Epiphyten der hier vorgestellten Pflanzengruppen haben eines gemeinsam: Orchideen, Bromelien und Farne benötigen eine hohe Luftfeuchtigkeit und möglichst häufige Wasserbenetzung, um nicht auszutrocknen. Um das Vertrocknen zu vermeiden (durch die starke Sonneneinstrahlung in den höheren Baumregionen sinkt die Luftfeuchtigkeit rapide), haben einige Spezies der Orchideen Wasserspeicher in Form sukkulenter Blätter oder „Bulben“ (Pseudobulben; griech. bolbos = Zwiebel) ausgebildet. Sie können mit diesen Wasserspeichern wochenlange Trockenperioden überstehen, vorausgesetzt, die Luftfeuchtigkeit ist hoch genug.
Man unterscheidet zwei unterschiedliche Wuchsformen, nämlich monopodiale und sympodiale Sprossverlängerungen. Beispielsweise *Angraceum*, *Vanda* und *Phalaenopsis* (Malayenblume) wachsen monopodial, d. h. der Haupttrieb dominiert, die Seitentriebe verkümmern. Monopodial wachsende Orchideen vertragen keine lang anhaltenden Ruhezeiten, da die Wasserspeicher nur in Form von sukkulenten Blättern ausgebildet sind, die keine langen Trockenzeiten überleben würden.
Sympodiales Wachstum dagegen zeichnet sich durch verstärktes Wachstum der Seitentriebe aus, wie man es etwa bei *Cattleya*, *Dendrobium*, *Bulbophyllum* und *Epidendrium* findet. Diese waagerechte Wuchsform bildet mehrere horizontale, wurzelähnliche Sprossachsen (Rhizome), aus denen die Pseudobulben und die Blätter entstehen. Sympodiale Orchideen verfügen über Pseudobulben als Wasser- und Nährstoffspeicher. Je größer diese sind, über desto längere Zeit kann die Pflanze eine Ruheperiode (Trockenzeit) überstehen.

Die Wurzeln:
Da wir uns überwiegend mit den Epiphyten dieser Pflanzengruppe beschäftigen, gilt: Die Wurzeln nehmen nicht nur Mineralstoffe, Nährelemente und Wasser auf, sondern bilden auch ein wichtiges Halteorgan. Die Wurzeln verwachsen eng mit ihrer Unterlage, damit die Pflanze nicht beispielsweise durch Windeinwirkung von ihrem Ast geweht wird.
Ein großer Teil der Wurzel hängt frei in der Luft (Luftwurzeln), um besser herabtropfendes Wasser aufnehmen zu können. Die grünen Wurzelspitzen enthalten Chlorophyll und sind – neben den Blättern – auch an der Photosynthese beteiligt. Diese grüne Vegetationsspitze ist auch im Terrarium ein sicheres Zeichen für das Wohlbefinden der Pflanze und ein Indiz für eine genügend hohe Luftfeuchtigkeit.
Die häufig grauen Oberflächen der Wurzeln werden als „Velamen“ bezeichnet und sind für das Aufsaugen von Wasser zuständig. Einige Orchideenarten bilden Wurzeln und Luftwurzeln zahlreicher aus als Blätter.

Sympodialer Wuchs

Artenteil

☺ = Für Anfänger geeignet

Aerangis

(griech. aer = Luft, angos = Gefäß)

Die von Reichenbach (Botanikprofessor an der Universität Hamburg, 19. Jh.) aufgestellte Gattung *Aerangis* eignet sich gut für die Kultur in Vitrinen.
Sie umfasst etwa 80 Arten; ihr Hauptverbreitungsgebiet liegt im tropischen Afrika, 30 Spezies wachsen endemisch auf Madagaskar und den benachbarten Inseln.
Der monopodiale, häufig kurzstämmige Wuchs mit dickfleischigen Blättern von 5–10 cm Gesamtlänge ist ein wesentliches Merkmal dieser Gattung. Ihre Vertreter lieben den Schatten, hohe Luftfeuchtigkeit (70–80 %) und Temperaturen von 22–26 °C während des Tages. Sämtliche Arten wachsen epiphytisch und müssen daher in Vitrinen oder Feuchtraumterrarien stets aufgebunden kultiviert werden.
Charakteristisch sind auch die meist weißen, sternförmigen Blüten, die an einer herabhängenden Blütenrispe zu mehreren erscheinen. Die Blüten sind lange haltbar und duften besonders in den Abendstunden sehr intensiv. Die Arten der Gattung *Aerangis* sollten in keinem Paludarium fehlen. Sie lassen sich gut mit z. B. Phelsumen vergesellschaften.

Aerangis articulata

(lat. articulatus = gegliedert)

A. articulata ist in Ostmadagaskar in Höhenlagen von 500–900 m ü. NN beheimatet und benötigt Temperaturen von 22–27 °C. Mit Blättern von 10–14 cm Länge und 4 cm Breite, die am Ende ungleich gespalten sind, erreichen die Pflanzen eine Gesamtgröße von ungefähr 25 cm.
Die etwa 20 cm lange Blütenrispe ist dicht mit rein weißen Blüten unterschiedlicher Größe besetzt und erscheint in den Sommermonaten. Die Blüten haben einen Durchmesser von 3–5 cm und sind wochenlang haltbar.
A. articulata muss aufgebunden (Baumfarn, Borke) bei hoher Luftfeuchtigkeit kultiviert werden.

☺ *Aerangis biloba*

(lat. bi- = zwei- , griech. lobos = Lappen; auf die Blütenspitzen bezogen)

Diese im Handel recht häufig angebotene Art aus Westafrika wird etwa 8–10 cm groß (Blattspanne). Die an den Blattspitzen ungleichmäßig abgerundeten, 12 cm langen und 3 cm breiten Blätter wachsen aus einem dünnen „Stamm".
Besonders attraktiv ist die vom Sommer bis in den Herbst erscheinende Blütenrispe mit häufig 10–12 sternförmigen, weißen Blüten. Sie sind ungefähr 3–4 Wochen haltbar und

Aerangis articulata Foto: K.-H. Kahlert

Aerangis biloba

verströmen in den Abendstunden einen betörenden Duft.
Um ein Übergießen zu verhindern, müssen die Pflanzen epiphytisch kultiviert werden. Temperaturen von 23–28 °C und eine hohe Luftfeuchtigkeit lassen die Pflanzen üppig gedeihen.

Aerangis citrata
(lat. citrata = zitronenfarbig; auf die Farbe der Blüte bezogen)
A. citrata ist leicht unter Kunstlicht zu kultivieren und sollte in keiner Sammlung fehlen. In Madagaskar wächst die Pflanze in Höhen von 0–1400 m ü. NN, und zwar stets an schattigen Stellen in der Nähe von Wasserläufen. Sie benötigt für gutes Wachstum Temperaturen von 23–28 °C und eine hohe Luftfeuchtigkeit.

Aerangis citrata Foto: K.-H. Kahlert

Diese Orchidee ist „mini“, nur 5–6 cm hoch, Blattgröße 10 x 3 cm.
Eine 20–25 cm lange Blütenrispe trägt etwa 10–15 weißlich zitronengelbe Blüten von ungefähr 1,5 x 2 cm Größe. *A. citrata* kann mehrmals im Jahr jeweils wochenlang blühen, wobei die Hauptblütezeit in die Sommermonate fällt.
Im Paludarium muss diese Orchidee aufgebunden mit Moosunterlage oder direkt am Epiphytenstamm unter feuchtwarmen Bedingungen gepflegt werden.

Aerangis modesta
(lat. modestus = bescheiden; hier: kleinwüchsig)
Hauptverbreitungsgebiete von *A. modesta* sind Madagaskar und die Komoren. Das epiphytische Wachstum in Höhenlagen von 200–1200 m ü. NN im Osten und Nordosten von Madagaskar muss bei der Kultur beachtet werden. Temperaturen von 22–27 °C und hohe Luftfeuchtigkeit bekommen den Pflanzen gut.
Aus dem relativ kurzen Stamm (ca. 6 cm) wachsen die dicken, im Querschnitt 3–4 mm messenden Luftwurzeln. Die Blätter sind etwa 15 cm lang und 3–4 cm breit. *A. modesta* ist noch zu den kleinen Arten zu zählen, die im Feuchtraumterrarium an der Rück- oder Seitenwand an Korkrinde aufgebunden werden können.
Die Pflanzen benötigen viel Wasser sowie alle drei Wochen regelmäßige Düngergaben (siehe Kapitel „Vom Grünen Daumen und anderen Zauberformeln“, Seite 124 f.).
Im Frühjahr erscheint die 30–40 cm lange Blütenrispe mit bis zu 20 Blüten. Diese messen etwa 4 x 3 cm und halten ungefähr drei Wochen lang.
Abends duften die Blüten leicht nach Menthol. Feuchtraumterrarien ab 70 cm Höhe sollte man den Pflanzen schon gönnen, damit ihre lang herabhängenden Blütenrispen nicht abknicken. Sie sind leicht zu kultivieren und passen besonders gut zu klein bleibenden Taggeckos.

☺ *Aerangis pumilio*
(lat. pumilio = Zwerg; bezogen auf die Kleinwüchsigkeit)
Auch diese Art sollte in keiner Sammlung fehlen. Ihre Winzigkeit und die geringen Lichtansprüche lassen sie zu einem idealen Pflegling in Feuchtraumterrarien avancieren. Die nur auf Madagaskar vorkommende Art wird maximal 9 cm groß. Am kurzen Stamm wachsen etwa 5–8 ellipsenförmige Blätter, die 6 cm lang und 1–2 cm breit sind. Im Herbst oder Winter erscheinen die weißen, etwa 1 cm großen Blüten an einer 6–8 cm langen Blütenrispe. 100 Blüten pro Pflanze sind keine Seltenheit.
Im Paludarium sind Temperaturen von 22–24 °C tagsüber ausreichend. Hohe Luftfeuchtigkeit und ein Standort ohne dauernde Nässe sind äußerst wichtig für die Pflege.
A. pumilio passt gut in ein Feuchtraumterrarium mit Mantellen und muss epiphytisch an Rück- oder Seitenwand kultiviert werden.

Aerangis pumilio

☺ *Aerangis rhodostricta*
[griech. rhodo- = (rosen)-rot ; strictum = (auf einen Punkt) zusammengezogen; „mit rotem Punkt"]
Nicht gerade eine „Mini", jedoch klein bleibend ist *A. rhodostricta* aus Afrika. Mit einer Blattlänge von 13–16 cm und 2–3 cm -breite, lässt sich die kurzstämmige Pflanze gut epiphytisch im Terrarium oder in der Vitrine

Aerangis rhodostricta

kultivieren.
Die bis zu 30 cm lange Blütenrispe, die in den Herbst- bis Wintermonaten erscheint, trägt je nach Alter der Pflanze etwa 15–20 weiße Blüten, die in der Mitte mit einem roten Punkt versehen sind. Temperaturen von etwa 25 °C am Tage und hohe Luftfeuchtigkeit bekommen den Pflanzen gut.

Aerangis stylosa
(lat. stylos = Säule)
Aus den östlichen Gebieten Madagaskars und von den Komoren stammt *A. stylosa*, wo die Art epiphytisch in Höhenlagen von 0– 1000 m ü. NN an schattigen Standorten gedeiht.
Ausgewachsene Pflanzen besitzen etwa 4–6 Blätter, die etwa 9 cm lang und 3–5 cm breit sind. Die in den Wintermonaten erscheinenden Blütenrispen (ca. 35 cm lang) produzieren 10–15 weiße, duftende Blüten von 2–3 cm Durchmesser, die bis zu drei Wochen lang halten.

Aerangis stylosa

Im geräumigen Terrarium muss *A. stylosa* epiphytisch (auf Kork) kultiviert werden, damit die Pflanze genügend Platz für die zahlreichen Wurzeln findet.
Die Wassergaben sind so zu dosieren, dass die Pflanze in den Abendstunden unbedingt abgetrocknet ist.

Aerides multiflora

Aerides
(griech. aer = Luft, eidos = Äußeres)

Aerides multiflorum
(lat. multus = viel; flos = Blüte)
Die schmalen, meistens etwa 25 cm langen, fleischigen Blätter wachsen aus einem kurzen, ca. 20 cm langen Stamm. Von Mai bis September erscheinen die hübschen, 2–3 cm großen, rosa gefärbten Blüten für einige Wochen.
Thailand und Vietnam sind die Heimat von *A. multiflorum*, das dort in Höhenlagen von 300–1000 m ü. NN epiphytisch wächst. Im Terrarium sind Temperaturen von etwa 25 °C am Tage angebracht, die in der Nacht deutlich absinken dürfen. Die sukkulenten Blätter verraten, dass reichlich Licht für eine erfolgreiche Pflege vorhanden sein muss.

Angraceum
(„anggrek“ stammt aus dem Indonesischen; malaiischer Name für „epiphytische Orchidee“)

Einige Arten der Gattung sind gut geeignet, in Terrarien kultiviert zu werden, und außerdem recht interessant in der Blüte. Heute kennt man über zweihundert Arten, von denen einige sehr groß werden können. Jedoch gibt es auch zahlreiche kleinbleibende Spezies, die im Artenteil näher beschrieben werden. Hauptverbreitungsgebiete sind das tropische Afrika sowie Madagaskar und die Komoren.
Der monopodiale Wuchs ist kräftig und lässt fleischige Blätter entstehen. Die Pflanzen, deren Blütezeit in unterschiedliche Jahreszeiten fällt, bilden hübsch weiß-grüne, sternförmige Blüten, die unterhalb der Blütenlippe einen langen Sporn hervorbringen.
Die hier vorgestellten Arten werden aufgebunden und hell kultiviert.
Nach dem Abblühen sollten Sie den Pflanzen eine Ruhepause gönnen und etwas weniger sprühen. Die Pflanzen wachsen das ganze Jahr über.

☺ *Angraceum distichum*
[griech. dis = doppelt, stichos = Reihe (zweigeteilte, sukkulente Blätter)]
Die Pflanze ist auf den ersten Blick nicht unbedingt als eine Orchidee zu erkennen, denn ihre Form ist eher ungewöhnlich für diese Pflanzenfamilie. Die aus dem tropischen Afrika stammende, epiphytische Orchidee bildet zweizeilige, sukkulente Blätter von 1–2 cm Länge aus. Ihre herabhängende, leicht gebogene Wuchsform verleiht ihr ein bizarres Aussehen. In den Sommermonaten zeigt *A. distichum* viele weiße, etwa 1–2 cm große Blüten. Die Pflanzen sollten aufgebunden mit Moosunterlage kultiviert werden.
Temperaturen von 24–28 °C und hohe Luftfeuchtigkeit bekommen ihnen gut. Je nach Größe des Behälters genügt es, sie alle 2–3 Tage zu besprühen. Ein heller Standort macht sie zu einem wuchsfreudigen Pflegling. Ausgewachsene Pflanzen bilden viele Seitentriebe und können leicht vegetativ vermehrt werden. Unter vegetativer, also ungeschlechtlicher Vermehrung versteht man in diesem Fall das Teilen von Pflanzen, die z. B. Seitentriebe mit oder ohne Bulben ausbilden.

Angraceum distichum

Angraceum germinyanum

☺ *Angraceum germinyanum*
(Adrien de Germiny, franz. Orchideenliebhaber, 19 Jh.)
Ein kleiner Vertreter mit einer Stammlänge von 30–40 cm und Blättern von ca. 4 x 1 cm, die aus dem dünnen (5–6 mm Durchmesser) Stämmchen herauswachsen. Zahlreiche Luftwurzeln mit grüner Vegetationsspitze sowie Haltewurzeln erscheinen ebenfalls in unterschiedlichen Abständen und Längen aus dem Stamm.
Die Blütezeit beginnt etwa im April/Mai und kann bis September andauern. Man vermag sich also an den weißen, bizarren Blüten mehrere Wochen zu erfreuen.
Madagaskar ist die Heimat dieser warm zu pflegenden Orchidee, die in großen Terrarien gut auf Korkeiche mit Moosunterlage gedeiht.

Angraceum leonis
(lat. leo = Löwe; bezogen auf die Blüte, die einem Löwenkopf ähnelt)
Die klein bleibende Art aus Madagaskar mit sichelförmig angeordneten, dickfleischigen Blättern von ca. 10 cm Länge passt gut in ein Phelsumenbecken und bevorzugt Temperaturen von 20–25 °C sowie hohe Luftfeuchtigkeit. Die Blütezeit fällt in das Frühjahr. Es entwickeln sich etwa 4–7 rein weiße Blüten von 3 x 5 cm Durchmesser, die einen langen

Sporn zeigen.
Die Pflanzen sind erst in fast abgetrocknetem Zustand erneut zu gießen.
In der Natur wachsen sie in 100–1000 m ü. NN an schattigen Plätzen auf Bäumen.

Angraceum leonis Foto: K.-H. Kahlert

Ascocentrum

(griech. ascos = Schlauch, kentron = Sporn)

Aus Südostasien stammen die klein bleibenden *Ascocentrum*-Arten, die hervorragend für mittelgroße bis große Terrarien geeignet sind, besonders hohe Temperaturen problemlos vertragen und sich dekorativ im Terrarium integrieren lassen. Sie benötigen viel Licht (HQL- oder Natriumdampflampen), um zur Blüte zu kommen, belohnen aber mit wochenlangem Blütenzauber vom Frühjahr bis in den Sommer. *Ascocentrum* wächst epiphytisch in Höhenlagen von 0–1000 m ü. NN. Im Terrarium erhalten die Pflanzen ihren Platz möglichst in der Mitte, und zwar an einem sehr hellen Platz. Die dickfleischigen, kurzen Blätter verraten, dass sie maßvolle Wassergaben anstatt „Dauerregen" verlangen (zwei- bis dreimal pro Woche sprühen und 60–80 % Luftfeuchtigkeit).

Ascocentrum christensonianum

Ascocentrum christensonianum
(Eric A. Christenson, amerik. Botaniker, 20 Jh.)
Seine Blütezeit fällt in die Monate März bis Mai. Die Pflanze bildet etwa 20–30, an kurzen Stielen stehende und ca. 2 cm große Blüten aus. Die schmalen, fleischigen Blätter werden 10–15 cm lang und 0,8–1,5 cm breit. Diese Orchidee ist für große Terrarien geeignet und wird in einen ausgehöhlten Korkeichenast mit etwas Moosunterlage gepflanzt, damit die zahlreichen

Luft- und Haltewurzeln sich in alle Richtungen ungehindert ausbreiten können.
Erfüllt man ihre Grundbedürfnisse (viel Licht und Wärme, wenig Wasser), so ist diese Art leicht zu pflegen und blüht regelmäßig.

Ascocentrum miniatum
[lat. miniatus = rost- oder zinnoberrot; (Farbe der Blüte)]
Die bekannteste und zugleich hübscheste Art der Gattung stammt von Java, Borneo sowie aus dem Himalaya und wird nur 8–10 cm hoch. Sie besitzt 1,5 cm breite und 10–14 cm lange, dickfleischige Blätter. Im späten Frühjahr erscheint der kurze Blütenstiel mit unzähligen etwa 1,5–2 cm großen, leuchtend rot gefärbten Blüten. In Terrarien ab 70 cm Höhe zu pflegen, benötigt sie einen hellen Standort mit ausreichend Frischluft, hoher Luftfeuchtigkeit und Temperaturen von 24–26 °C.

Ascocentrum miniatum

Bulbophyllum
(griech. bolbos = Zwiebel, phyllon = Blatt)

Die Gattung *Bulbophyllum* ist mit etwa 2500 Arten die größte der Orchideenverwandtschaft. Von einigen Botanikern werden die Gattungen *Bulbophyllum* und *Cirrhopetalum* zu *Bulbophyllum* zusammengefasst, von anderen getrennt betrachtet. Wir folgen hier der ersten Variante, erwähnen aber in besonders kontrovers diskutierten Fällen beide Möglichkeiten.
Vertreter der Gattung *Bulbophyllum* (aufgestellt von Aumbert du Petit-Thouars, einem Botaniker zu Anfang des 19. Jahrhunderts) sind im gesamten tropischen Teil der Alten Welt vertreten (Australien, Afrika, Asien, Borneo, Java, Sumatra, Philippinen und Neuguinea, wobei Neuguinea eine herausragende Rolle mit etwa 400 dort heimischen Arten einnimmt).
Dieser Artenreichtum hat auch eine Vielfalt an Formen entstehen lassen:
Die Pflanzen erreichen je nach Spezies Größen von 5 mm bis 1,50 m und Blüten von 1 mm bis 12 cm Gesamtdurchmesser.
Tiefland- und montaner Regenwald in Höhen von 0–2500 m ü. NN bilden das Hauptverbreitungsgebiet. Die Orchideen wachsen überwiegend epiphytisch auf bemoosten Bäumen und Humuspolstern oder sogar auf kahler Rinde, jedoch auch lithophytisch.
In der Natur bevorzugen die meisten Arten einen schattigen Standort. Sie sind besonders gut in Feuchtraumterrarien zu kultivieren. Ein Erkennungsmerkmal der meisten asiatischen Arten ist die Einblättrigkeit, während die afrikanischen Arten häufig zweiblättrig sind.
Pflanzen, die in Tieflandregenwäldern vorkommen (0–800 m ü. NN), benötigen Temperaturen von tagsüber 25–30 und nachts 18–20 °C. Die Luftfeuchtigkeit sollte ca. 70–80 % betragen. Die hier genannten *Bulbophyllum*-Arten sind epiphytisch zu kultivieren. Baumfarn- oder Korkeichenstücke mit Moosunterlagen sind bestens für die Pflege geeignet.

Der Standort in geschlossenen Behältern sollte sich im mittleren Bereich der Rück- oder Seitenwände befinden, damit die Pflanzen ungestört wachsen können.
Stauende Nässe ist wie bei allen Orchideenkulturen zu vermeiden. Die Pflanzen sollten – möglichst vormittags – zwei- bis dreimal pro Woche mit Wasser versorgt werden. Während der Wachstumszeit werden die Pflanzen in vierzehntägigem Rhythmus mit einem Orchideendünger (z. B. Wuxal) bis zur Ausbildung des Neutriebs versorgt.

☺ *Bulbophyllum acutum*
(lat. acutus = spitz)
B. acutum ist eine klein bleibende Orchidee, wenn auch etwas größer als das weiter unten beschriebene *B. nanopetalum*. Die pro Pseudobulbe einzeln erscheinenden Blüten halten etwa 8–10 Tage und sind weiß/dunkelviolett, an den Spitzen dagegen grün gefärbt. In ihren Pflege- und Standortansprüchen ähnelt die Pflanze *B. nanopetalum*, wobei die Temperatur etwas niedriger sein kann. Der Grund dafür ist, das diese Art im Tiefland sowie im montanen Regenwald bis etwa 1500 m ü. NN epiphytisch wächst. Sie ist weit verbreitet in Thailand, auf Java, Sumatra, Borneo und Malaysia. Die Blütezeit fällt meistens in die Monate September bis Dezember.

Bulbophyllum acutum

☺ *Bulbophyllum ambrosia*
(griech. ambrosia = wohlriechende Speise und Salbe der Götter)
Die Pflanze hat aufgrund der prächtigen, duftenden Blüten ihre botanische Namensgebung vollauf verdient. Zwar messen die Blüten nur etwa 2,5 x 1 cm, jedoch erscheinen sie in großer Zahl während der Wintermonate für etwa 14 Tage. Die schlanken, einblättrigen Bulben messen etwa 10–15 cm und bilden jeweils eine Blüte aus.

Bulbophyllum ambrosia

B. ambrosia ist schnellwüchsig und benötigt trotz seiner geringen Größe relativ viel Platz im Terrarium, damit sich das Rhizom ungehindert ausbreiten kann: Hat sich die Pflanze etabliert, ist sie in ihrer Wuchsfreudigkeit kaum zu bremsen.
Epiphytische Lebensweise sowie hohe Luftfeuchtigkeit und Temperaturen am Tage von etwa 23–26 °C sollten *B. ambrosia* besonders gut gedeihen lassen.
Große Terrarien ab 1 m Höhe mit guter Belüftung und Beleuchtung bescheren zwischen Dezember und März dem Betrachter ein reiches Blütenmeer.
Die Pflanzen benötigen den trockensten Standort im Feuchtraumterrarium, um sich optimal entwickeln zu können.

☺ *Bulbophyllum antenniferum*
(lat. antenna = Stange, Antenne; ferre = tragen; auf die Blüte bezogen)
Dieser Dauerblüher ist ein Muss auch für den weniger erfahrenen Orchideenfreund, denn lediglich zwei Monate im Jahr trägt diese Pflanze keine Blüten. Das Verbreitungsgebiet in dauerfeuchten Wäldern erstreckt sich von Neuguinea über Borneo bis Java in Höhenlagen von 300–1100 m ü. NN.

Bulbophyllum antenniferum

Bulbophyllum blumei

Die relativ klein bleibende Art mit einer Gesamthöhe von ca. 15 cm (Bulbus und Blatt) liebt Temperaturen von 23–28 °C bei hoher Luftfeuchtigkeit ohne Staunässe. Deshalb muss die Pflanze mit Moosunterlage aufgebunden und auf Kork oder Baumfarn kultiviert werden.
Sie sollte den trockensten Standort im Terrarium erhalten und ist problemlos zu pflegen, solange der Orchidee ermöglicht wird, abends abgetrocknet zu sein.
Je nach Größe des Behälters reicht es aus, die Pflanze zwei- bis dreimal pro Woche stark zu befeuchten und die relative Luftfeuchtigkeit bei 60–80 % zu halten.

Bulbophyllum blumei
(Karl Ludwig von Blume, Direktor des botanischen Gartens auf Java; 18 Jh.)
B. blumei gehört mit einer Gesamthöhe von etwa 20 cm zu den etwas größer werdenden Arten, wobei 12–16 cm auf das einzelne, meist länglich-ovale Blatt und 2–4 cm auf die Pseudobulbe entfallen.
Die einzeln erscheinenden, 8–10 cm langen Blüten sind überwiegend dunkelviolett und seitlich weiß-gelblich gefärbt. Sie halten etwa 10 Tage.
Die Art blüht oft aus vorjährigen Pseudobulben in den Monaten Februar und März.
B. blumei ist weit verbreitet in Australien, auf Sumatra, Malaysia und den Philippinen. Die Pflanzen bevorzugen Tieflandregenwälder und vertragen deshalb Temperaturen bis 30 °C bei hoher Luftfeuchtigkeit problemlos. Sie sind auf Rinden- oder Baumfarnstücken mit Moosunterlage epiphytisch zu kultivieren. Nach der Blüte sollten die Pflanzen etwas trockener gehalten und mit Erscheinen des Neutriebs etwa dreimal pro Woche intensiv mit Wasser versorgt werden.

☺ *Bulbophyllum careyanum*
(Carey, engl. Botaniker und Orchideensamler; 19. Jh.)
Eine anspruchslose Art aus Myanmar mit meistens 4–7 cm hohen Bulben und 20–30 cm

Bulbophyllum careyanum

langen, fleischigen Blättern. Die im Winterhalbjahr erscheinende Rispe mit unzähligen kleinen, braun-rot getupften Blüten hält etwa 10–14 Tage lang. *B. careyanum* benötigt Temperaturen zwischen 23 und 26 °C bei hoher Luftfeuchtigkeit und gehört in ein großes, mindestens 1m hohes Terrarium, da es dichte Horste bildet und relativ schnellwüchsig ist. Die Pflanzen müssen epiphytisch kultiviert werden und sollten am trockensten Standort platziert werden. *B. careyanum* ist sehr robust und kann nur durch dauernde Nässe „totgepflegt" werden.

! *Bulbophyllum cernuum*
(lat. cernuus= überhängend, nickend; auf den Blütenstand bezogen)

Geringfügig größer als das weiter unten beschriebene *B. ovalifolium* und ebenfalls sehr hübsch ist das aus Borneo, Sumatra und Java stammende *B. cernuum*. Länglich ovale, etwa 1,5 cm lange Pseudobulben (0,5 mm breit), 3–4 cm lange und 0,8 mm breite, einzeln stehende Blätter zeichnen diese Art aus.
Ihre Blütezeit fällt meistens in die Herbst- und Wintermonate, wobei die Pflanzen häufig mit Blütenrispen geradezu übersät sind. Die weit geöffneten, spitz zulaufenden Blütenblätter messen etwa 3 cm im Durchmesser und sind creme-orangefarbig. Die äußeren Blütenblätter zeigen rotbraune Längslinien. *B. cernuum* wächst gut bei Temperaturen von tagsüber 20–24 °C und 15–18 °C nachts. Es sollte epiphytisch auf Baumfarnstücken kultiviert und zwei- bis dreimal pro Woche gegossen werden. 70–80 % Luftfeuchtigkeit sind ideal.

Bulbophyllum cochleatum
(lat. cochlea = Schnecke; Form der Blütenlippe)
Die aus dem tropischen Afrika stammende Art ist unter anderem an ihrer schlanken Wuchsform sowie der Zweiblättrigkeit zu erkennen. Die Bulbe misst etwa 10 x 2 cm.
Ab Dezember erscheint eine ca. 30 cm lange Blütenrispe mit unzähligen kleinen, aber hübschen, gelbgrünen Blütenblättern und schwarz-roter, stark behaarter Lippe. Die

Bulbophyllum cernuum

Bulbophyllum cochleatum

Blüten öffnen sich nicht gleichzeitig, sondern nacheinander, sodass die Rispe von Dezember bis März in Blüte stehen kann.
Obwohl die Pflanzen relativ kleinwüchsig sind, sollten Sie ihnen dennoch Terrarien ab 80 cm Höhe gönnen, um zu gewährleisten, dass sich die wunderschöne Blütenrispe voll entfalten kann.
B. cochleatum benötigt Temperaturen von 22–26 °C mit 5–6 °C Nachtabsenkung.
Korkeiche oder Baumfarn mit Moosunterlage eignen sich hervorragend zum Aufbinden. Der Standort muss der trockenste im Terrarium sein, etwa auf halber Terrarienhöhe, damit genügend Licht zur Pflanze gelangt.

Bulbophyllum distans
(lat. distare = entfernt sein; auf den weiten Abstand der Blüte bezogen)
Kantige, abgeflachte Pseudobulben von etwa 2 x 1cm sowie ein einzelnes, ca. 8 cm langes, derbes Blatt lassen *B. distans* aus Afrika eher als eine unscheinbare Orchidee erscheinen. Von Mai bis Juli wachsen an einer rund 50 cm langen Rispe in großen Zeitabständen zahlreiche schwarz-rote, behaarte Blüten von ungefähr 1,5 cm Länge,.
Ein hohes Terrarium (ca. 1,50 m), epiphytische Kultur und Tagestemperaturen von 22–25 °C sowie hohe Luftfeuchtigkeit mit einer Nachtabsenkung bis auf etwa 15 °C sind ideale Voraussetzungen, um diese Art zu kultivieren.

Bulbophyllum gracillimum
(lat. gracilis = schlank, fein; bezogen auf die Blüte)
Diese sehr hübsche, leicht zu pflegende Art hat ihr Hauptverbreitungsgebiet in Thailand, Malaysia, Sumatra und Borneo im montanen Regenwald, wo sie epiphytisch kletternd auf bemoosten Ästen wächst. Die oval geformten Pseudobulben von 2–3 cm Länge und 1 cm Durchmesser erscheinen an einem kriechenden Rhizom. Sie tragen ein fleischiges, kurz gestieltes und 5–12 cm langes sowie 1–2 cm breites, länglich ovales Blatt. Im Frühjahr und Herbst wachsen eine oder mehrere Blütenrispen von rund 30 cm Länge aus dem unteren Teil der Pseudobulbe. Die Blüte setzt sich aus 10–12 dunkelrot bis rosa gefärbten und ca. 5–6 mm langen Einzelblüten zusammen, die einen Blütenkranz von 4–5 cm Durchmesser formen. Die Pflanzen sollten nachts bei Temperaturen von 15–17 und tagsüber von 22–25 °C kultiviert werden. Doch werden auch hohe Temperaturen von 24–28 °C in den Sommermonaten problemlos vertragen.
Nach Verwelken der Blüte (nach rund zehn Tagen) wird das Wasser reduziert, bis ein Neutrieb erscheint. In den Wintermonaten benötigen die Pflanzen weniger Wasser; es genügt, wenn täglich leicht gesprüht wird, bis der Neutrieb erscheint. Abends müssen die Pflanzen abgetrocknet sein, da sie keine Staunässe vertragen. Im Terrarium ist ein heller Standort erforderlich.

Bulbophyllum distans

Bulbophyllum gracillimum

Bulbophyllum lepidum

Bulbophyllum lobbii

☺ *Bulbophyllum lepidum* (von einigen Taxonomen zu *Cirrhopetalum* gestellt)
(lat. lepidus = anmutig, hübsch)
Der halbkreisförmige Blütenkranz besteht meistens aus 5–7 blassrosa gefärbten, 5 cm langen Einzelblüten, die leicht nach unten geneigt sind und insgesamt eine imposante Erscheinung abgeben.
Ein einzelnes, ledriges Blatt (ca. 10 x 5 cm) und eine ovale Pseudobulbe (3 x 1,5 cm) wachsen im Abstand von 4–5 cm aus einem 3 mm dicken Rhizom.
B. lepidum benötigt einen möglichst mittigen Standort im Terrarium, um sich nach mindestens zwei Seiten voll entfalten zu können. Die Blütenrispe misst etwa 30 cm in ihrer Gesamtlänge, was bei der Höhe des Terrariums berücksichtigt werden muss. Die Pflanze ist auf Java, Borneo, Sumatra und in Vietnam in Höhenlagen von 100–600 m ü. NN beheimatet. Ihre Blütezeit (ca. drei Wochen) fällt in die Sommermonate.

☺ *Bulbophyllum lobbii*
(Thomas Lobb, engl. Orchideensammler in Südostasien; 19 Jh.)
Diese attraktive Art kann ca. 25 cm Blattspanne erreichen; die eiförmigen Pseudobulben messen etwa 5 x 2 cm.
Die Blätter sind relativ dickfleischig und hellgrün. An einem ca. 15 cm langen Blütenstiel erscheint von Frühjahr bis Sommer eine einzelne, duftende, ca. 8–12 cm große Einzelblüte. Diese ist gelblich mit roten Streifen, ihre Blütenblätter sind sichelförmig nach hinten gebogen. *B. lobbii* wächst im Tiefland- und montanen Regenwald epiphytisch an schattigen Plätzen.
Hauptverbreitungsgebiete sind die Philippinen, Thailand, Myanmar, Sumatra, Java, Malaysia und Borneo.
Die Pflanzen lassen sich gut bei Temperaturen von ca. 23–28 °C kultivieren, die nachts jedoch auf 17–20 °C fallen sollten. Die Orchideen können aufgebunden an der Rück- und Seitenwand auf Baumfarn im Paludarium kultiviert werden. Besprüht werden die Pflanzen nur morgens, damit sie abends abgetrocknet sind. Nach der Blüte darf die Orchidee nur einmal pro Woche gegossen werden, bis der Neutrieb erscheint. In dieser Zeit muss man dafür sorgen, dass die Blätter und Bulben nicht schrumpfen, was durch gelegentliches Vernebeln erreicht wird.
B. lobbii bildet große Horste und ist für Feuchtraumterrarien und Paludarien ab 130 cm Höhe geeignet.

☺ *Bulbophyllum makoyanum* (von einigen Taxonomen zu *Cirrhopetalum* gestellt)
(Jacob Makoy, belg. Orchideengärtner; 19 Jh.)
Eine leicht zu kultivierende Art von Borneo, den Philippinen und aus Malaysia, die einen besonders hübschen Blütenkranz mit bis zu zehn gelben, 3–4 cm langen und ca. 0,5 cm breiten Blüten ausbildet. Es existieren drei

Bulbophyllum makoyanum

Varianten, die sich in ihrer Blütengröße unterscheiden. *B. makoyanum* wächst epiphytisch in Höhenlagen von 400–1200 m und sollte bei Tagestemperaturen zwischen 22 und 26 °C kultiviert werden.
Das einzelne Blatt mit Bulbe misst maximal etwa 15 cm. Die Pflanzen bilden dichte Horste und sind für Terrarien ab 90 cm Höhe geeignet.
Häufig blüht *B. makoyanum* im Frühjahr und Herbst für ca. zehn Tage. Der Anblick eines größeren Exemplares mit 10–15 Blütenständen ist unvergleichlich – diese Art gehört für uns zu den schönsten Bulbophyllen.

Bulbophyllum maximum
(lat. maximus, Superlativ von magnus = groß; auch „großartig")
Kantige Bulben und Zweiblättrigkeit zeichnen diese Art des afrikanischen Kontinents (von Kenia bis Simbabwe) aus.
B. maximum wird etwa 10–15 cm hoch und

Bulbophyllum maximum

besitzt kräftige Bulben sowie dickfleischige Blätter.
Im Frühjahr erscheint die bis zu 40 cm lange Blütenrispe mit vielen kleinen, ockerfarbenen Blüten mit weinrot getupfter Lippe. Da sich nicht alle gleichzeitig öffnen, kann man sich mindestens über zehn Wochen an dieser Pracht erfreuen.
B. maximum muss epiphytisch kultiviert werden und benötigt Temperaturen zwischen 18 und 24 °C. Höhere Temperaturen sind zwar kein Problem, jedoch werden die Pflanzen unter diesen Umständen nicht zur Blüte kommen.
Das Terrarium sollte mindestens 1 m hoch und gut belüftet sein.

! *Bulbophyllum mirum*
(lat. mirus = wunderbar, entzückend)

Bulbophyllum mirum

Die Art ist auf Sumatra und Java in Höhenlagen von 1000–1400 m ü. NN weit verbreitet. Die kantigen Pseudobulben erreichen ca. 1 cm Höhe, die Blattlänge beträgt 4–5 cm. Besonders die ungewöhnliche, schnabelartige Form der Blüten macht diese Orchidee zu einem interessanten Pflegling.
Temperaturen zwischen 23 und 26 °C am Tage bei hoher Luftfeuchtigkeit lassen die Pflanze im Herbst zur Blüte kommen. An den beiden 4–5 cm langen Blüten kann man sich rund zehn Tage lang erfreuen.

☺ *Bulbophyllum nanopetalum*
(griech. nanno- = zwerg-, petalon = Blatt; auf das innere Blütenblatt bezogen)
B. nanopetalum gehört zu den sehr klein bleibenden Arten und misst nur wenige Zentimeter. Die Rhizome erreichen einen Durchmesser von ca. 0,4–0,8 mm und bilden im Abstand von 4–6 mm ovale Pseudobulben von rund 5–8 mm Länge und 3 mm Durchmesser. Die kleinen, separat stehenden Blätter messen etwa 10 x 5 mm. Von September bis November erscheinen grünlich gelbe, einzeln stehende Blüten von ungefähr 15 mm Länge und wenigen Millimetern Breite.
Die Pflanzen blühen etwa für zehn Tage. *B. nanopetalum* wächst epiphytisch in Tieflandregenwäldern (200–400 m ü. NN) und sollte tagsüber bei Temperaturen von 25–30 °C und nachts bei 18–20 °C gepflegt werden.
Die Pflanze legt keine lange Ruhephase ein und braucht deshalb auch keine großen Bulben. Nach der Blüte ist sie etwas weniger zu besprühen, doch sobald der Neutrieb durchbricht, benötigt sie viel Feuchtigkeit, darf jedoch keiner Staunässe ausgesetzt werden.
Die Orchidee kann aufgebunden (auf Korkeiche mit Moosunterlage) an der Rück- oder Seitenwand oder direkt auf einem Ast im Behälter kultiviert werden. Bei hohen Temperaturen (ca. 30 °C tagsüber) ist tägliches Sprühen oder Nebeln angebracht, ohne jedoch die Pflanze dauernd nass zu kultivieren. Halten Sie nach der Blüte die Luftfeuchtigkeit bei relativ geringer Substratfeuchte hoch und sprühen Sie mit einsetzendem Wachstum täglich. Nach 2–3 Jahren kann diese Orchidee bereits einen Teil einer Rückwand bedecken (ca. 20–40 cm). Dann lässt sie sich teilen, und die „Ableger“ können an anderer Stelle platziert werden. *B. nanopetalum* verträgt über kürzere Zeit problemlos Temperatur- und Luftfeuchtigkeitsschwankungen.

Bulbophyllum odoratissimum
(lat. Superlativ von odoratus = wohlriechend)
Diese sehr angenehm duftende Art (Name!) ist in Nepal, Indien, China, Laos und Vietnam verbreitet und wird nicht größer als 10 cm (Bulbe und Blatt).
Die kugelförmig angeordneten, kleinen Blüten (ca. 2 cm Durchmesser) erscheinen im Sommer oder Spätsommer und halten sich

Bulbophyllum nanopetalum

Bulbophyllum odoratissimum

für etwa zehn Tage.
Im Terrarium werden die Pflanzen epiphytisch kultiviert und benötigen Temperaturen zwischen 22 und 26 °C sowie hohe Luftfeuchtigkeit.
Mittelgroße Terrarien (ca. 60 cm hoch) bieten genügend Platz für diese Art.

☺ *Bulbophyllum ovalifolium*
(lat. ovum = Ei, folium = Blatt; auf die ovalen Bulben und Blüten bezogen)
B. ovalifolium zeichnet sich durch kleine, eirunde Bulben aus, die in kurzen Abständen (ca. 4–5 cm) am Rhizom wachsen. Die sehr klein bleibenden, länglich ovalen Blätter messen etwa 4 mm im Durchmesser und 1–2 cm in ihrer Gesamtgröße. Die auffallenden Blüten (1 cm Durchmesser) variieren in ihrer Farbe von leuchtend rot oder orange bis gelb. Die Hauptblütezeit fällt in die Wintermonate, wobei in unregelmäßigen Abständen Blüten das ganze Jahr über erscheinen können.
Diese Orchidee ist in Südostasien weit verbreitet und wächst in Höhenlagen von 600–2300 m ü. NN. Sie ist deshalb nicht allzu warm zu kultivieren: Temperaturen von 22–24 °C tagsüber und nachts 15–18 °C reichen zu ihrem Wohlbefinden aus. Aufgrund der geringen Größe ist *B. ovalifolium* für kleinere Paludarien geeignet, wo es epiphytisch auf einem großen Rindenstück mit Moosunterlage oder auf Baumfarnplatten gepflegt werden sollte.

Bulbophyllum ovalifolium

Bulbophyllum putidum

Eine Ruhezeit muss nicht eingehalten werden; deshalb dürfen die Pflanzen nie vollkommen austrocknen. 70–80 % Luftfeuchtigkeit und Düngen alle zwei Wochen sowie Wassergaben im Zwei- bis Dreitagesrhythmus bekommen ihnen gut.

☺ *Bulbophyllum putidum* (von einigen Taxonomen zu *Cirrhopetalum* gestellt)
(lat. putidus = widerlich stinkend)
Die farbenprächtigen, 10 cm langen und ca. 2 cm schmalen Blüten entschädigen den Betrachter für den etwas unangenehmen Duft (Name!).
B. putidum ist auf Malaysia, Borneo, Sumatra und den Philippinen weit verbreitet und wächst epiphytisch in Höhenlagen bis 1000 m ü. NN.
Bulbe und Blatt messen zusammen 10–12 cm, sodass die Art für Behälter ab 70 cm Höhe geeignet ist. Bei Temperaturen von 23–28 °C am Tage und hoher Luftfeuchtigkeit benötigen die Pflanzen zwei- bis dreimal pro Woche reichlich Wasser, um von Oktober bis Januar ihre faszinierenden Einzelblüten zu entwickeln.

Bulbophyllum resupinatum

Bulbophyllum resupinatum
(lat. resupinare = zurückbeugen; auf den Blütenstiel bezogen)
Aus dem tropischen Afrika stammt das zweiblättrige *B. resupinatum* mit seinen 1,5 cm langen, ovalen Pseudobulben, aus denen die schmalen, 6 cm langen Blätter wachsen. Der leicht gebogene Blütenstiel (Name!) produziert etwa 6–8 kleine Blüten (1 cm Durchmesser), die sich nacheinander öffnen und während der Sommermonate insgesamt 3–4 Wochen erfreuen. Im oberen Drittel des Terrariums wird die Pflanze an der Rück- oder Seitenwand aufgebunden und alle drei Tage – nach vollständigem Abtrocknen – mit Wasser versorgt.
Tagestemperaturen von 22–26 °C, hohe Luftfeuchtigkeit und mäßige Wassergaben lassen die Pflanze prächtig gedeihen.

☺ *Bulbophyllum sikkimense* (von einigen Taxonomen zu *Cirrhopetalum* gestellt)
(Sikkim ist ein indischer Bundesstaat)
Eine auffallend kleine Art aus Indien mit Bulben von ca. 1,5 cm Länge und einem einzelnen Blatt von etwa 1,5 x 4 cm. *B. sikkimense* bildet im Sommer oder Herbst mattrote Blüten. Bis zu zehn der 1,5–2 cm messenden Einzelblüten sind kranzförmig angeordnet. Hohe Temperaturen (23–26 °C), hohe Luftfeuchtigkeit (70–80 %) und ein Standort im Terrarium, der die Pflanzen abends abtrocknen lässt, sind Voraussetzungen für eine erfolgreiche Kultur. Zwei- bis dreimaliges Wässern pro Woche ist ausreichend.

Bulbophyllum sikkimense

Bulbophyllum species sec. *Cirrhopetalum*
(lat. cirrus = Locke, griech. petalon = Blatt; bezogen auf die gekräuselten Sepalen, die Kelchblätter)
Bei dieser kleinen, aus Südostasien stammenden Art entwickeln sich im Spätherbst eindrucksvolle Blüten. Die ca. 10 cm lange Rispe wächst seitlich der 1 cm messenden,

Bulbophyllum species sec. Cirrhopetalum

schrumpligen Bulben. Der dunkelrote Blütenkranz wird aus bis zu zehn Einzelblüten gebildet, die jeweils 4 cm lang und 0,8 mm breit sind. Erfreuen kann man sich an diesen Blüten etwa 10–12 Tage, dann verwelken sie. Geräumige Terrarien (ab 80 cm Höhe) sind trotz einer Gesamtgröße der Pflanzen von nur 10 cm für diese Art erforderlich, um ein ausgewogenes Verhältnis zwischen hoher Luftfeuchtigkeit und zügigem Abtrocknen der Pflanze zu gewährleisten.
Tagestemperaturen von ca. 26 °C mit 6–8 °C Nachtabsenkung und epiphytische Kultur lassen dieses Kleinod prächtig gedeihen.

Bulbophyllum tripudians syn. *refractum*
(lat. tripudians = prächtig; lat. refringere = zerbrechen, zerreißen; bezogen auf den gebogenen Blütenstiel)

Bulbophyllum tripudians* syn. *refractum

Diese klein bleibende, zweiblättrige Art von Java, Sumatra und Thailand wächst in Höhenlagen von 1200–1600 m ü. NN und hat ihren wissenschaftlichen „Nachnamen" wirklich verdient.
Die Gesamtgröße dieser Orchidee beträgt ca. 20 cm, wovon 1–2 cm auf die im Alter schrumpeligen Pseudobulben entfallen.
Die beeindruckende, ca. 15 cm lange Blütenrispe mit ihren rotbraunen, ovalen, spiralförmig angeordneten Blüten erscheint von Mai bis Juli.
Die einzelnen Blüten sind etwa 5 cm lang und 0,5 cm breit. Ende Juni stellt sich die Pflanze auf eine Trockenzeit ein und verliert fast alle Blätter. *B. tripudians* ist während des Laubfalls fast trocken zu halten. Nachdem die Pflanze beinahe alle Blätter abgeworfen hat, erscheinen am unteren Rand der Pseudobulben eine oder mehrere Blütenrispen.
B. tripudians sollte zwei- bis dreimal pro Woche mit Wasser versorgt und bei 70–80 % Luftfeuchtigkeit kultiviert werden. Es wächst bei Temperaturen von 22–25 °C tags und 16–19 °C nachts recht gut und blüht regelmäßig. Im Paludarium sind die Pflanzen epiphytisch zu kultivieren.

Bulbophyllum vaginatum
(lat. vagina = Scheide)
Das Verbreitungsgebiet dieser hübschen Art erstreckt sich über ganz Südostasien, wo sie in Höhenlagen von 0–400 m ü. NN gedeiht.
Aus einem kriechendem Rhizom wachsen eine einzelne Bulbe und ein Blatt von ca. 10–14 cm Gesamthöhe. Die kreisförmig angeordneten, meist 10–13 blassen, gelblich weißen Blüten erscheinen im Frühjahr für rund zehn Tage.
Die Pflanze bevorzugt hohe Temperaturen (26–30 °C) bei 70–80 % relativer Luftfeuchtigkeit und tägliche, geringe Wassergaben.
Ein Absenken der Temperatur in den Monaten Dezember und Januar fördert die Blühwilligkeit. Terrarien ab 80 cm Höhe sind die Mindestanforderung, da die Pflanzen schnellwüchsig sind und viel Platz benötigen.

Bulbophyllum vaginatum

Bulbophyllum wendlandianum
(Wendland, Orchideengärtner in Hannover; 19. Jh.)
Es handelt sich hier um eine besonders häufig im Handel angebotene Art aus Thailand und Myanmar. Auffallend sind die besonders großen, spitz zulaufenden und bis zu 12 cm langen, rötlichen Blüten. An einer ca. 20 cm langen Rispe erscheinen meistens im Juni oder Juli die 5–7 kranzförmig angeordneten Einzelblüten, die sich für etwa 2–3 Wochen öffnen.
Die im Alter schrumpligen, länglich ovalen Bulben (etwa 4 x 2 cm) tragen je ein einzelnes, dunkelgrünes Blatt von ca. 12 x 2 cm. Die Pflanzen produzieren je nach Größe ein bis drei neue Bulben pro Jahr, aus deren unterem Teil die Blütenrispe herauswächst, meist ab Mai. In der Ruhezeit von September bis Januar sollte nur einmal pro Woche gegossen oder gesprüht werden, damit die Bulben nicht zu sehr schrumpfen; die Luftfeuchtigkeit liegt bei ca. 70 %.
Temperaturen von 22–26 °C am Tage und 16–19 °C nachts bekommen den Pflanzen gut. Sie sollten aufgebunden mit Moosunterlage oder auf Baumfarn kultiviert werden. Während der Wachstumszeiten von Februar bis Juli ist eine gute Versorgung mit Dünger wichtig (alle 14 Tage).

Bulbophyllum wendlandianum

Dendrobium aberrans

Dendrobium
(griech. dendron = Baum, bios = Leben)

Von den rund 1500 Arten dieser drittgrößten Orchideengattung, die von Borneo, Java und Neuguniea bis Australien verbreitet ist, lassen sich nur wenige in Terrarien erfolgreich pflegen, weil ihren Bedürfnissen kaum entsprochen werden kann. Viele werden sehr groß und benötigen lange Ruhepausen ohne Wasser, um zum Blühen angeregt zu werden. Während der trockenen Zeit verlieren einige Dendrobien alle Blätter, um einige Wochen später zahlreiche Blüten am nackten Stiel hervorzubringen. Andere Arten, die aus höher gelegenen Bergwäldern stammen, vertragen zwar viel Wärme und Wasser während der Wachstumszeit, benötigen jedoch einen extremen täglichen Temperatursturz, um zur Blüte zu kommen, z. B. Tagestemperaturen von 22–25 °C, die in der Nacht auf 10–12 °C abfallen. Um derartige Umweltbedingungen zu simulieren, müsste der Terrarianer schon eine Kühlung einbauen. Die Dendrobien sind jedoch eine – was die Form der Blätter und Farben der Blüten betrifft – enorm variable Gruppe, mit dicken Pseudobulben oder stielförmig sukkulenten, Wasser speichernden Blättern, die zumindest mit drei klein bleibenden Arten hier Erwähnung finden soll.

Die in Baumärkten angebotenen Hybriden werden in Töpfen verkauft, erreichen mit Rispe häufig 1 m Höhe und gehören auf keinen Fall ins Terrarium, wo sie nach kurzer Zeit abfaulen würden. Sie sind für die Kultur auf der Fensterbank gezüchtet.

☺ *Dendrobium aberrans*
(lat. aberrare = abweichen)
In den Wintermonaten blüht *D. aberrans* mit zahlreichen 2–3 cm großen, schneeweißen Blüten – vorausgesetzt, die Pflanze wurde zuvor über einen Zeitraum von etwa einem Monat einmal pro Woche mit Wasser versorgt. Die Rispe bildet sich nach Ausreifen der Pseudobulbe, und erst nach Erscheinen

des Neutriebs darf die Pflanze wieder zwei- bis dreimal mit Wasser versorgt werden. *D. aberrans* wird nur 5–6 cm groß (Bulbe und Blatt), gehört aber dennoch in ein großes Terrarium mit ausreichender Luftumwälzung. Die Orchidee muss den trockensten Standort bei Temperaturen von 20–24 °C, hoher Luftfeuchtigkeit und viel Licht erhalten.

Dendrobium acinaciforme
[lat. (pers. Fremdwort) acinaces = Krummsäbel, forma = Form; bezogen auf die Blätter]
Der vegetative Teil dieser Orchidee wirkt besonders dekorativ, wenn man sie möglichst mittig in großen, hellen Terrarien epiphytisch kultiviert. Die kleinen, eher unscheinbaren Blüten entspringen aus der Blattachse und können zu jeder Jahreszeit für ungefähr 10–14 Tage erblühen. Die dicht aneinander stehenden, säbelförmigen Blätter (Name!) sind ziemlich dickfleischig und benötigen mäßige Wassergaben (zwei- bis dreimal pro Woche).
Bei Temperaturen von 20–25 °C fühlen sich diese Orchideen wohl und sind leicht zu pflegen. Wenn die Pflanzen mit zu viel Wasser versorgt werden, werfen sie einzelne Blattteile und später den gesamten Stiel ab.

Dendrobium acinaciforme

Dendrobium jenkinsii

☺ *Dendrobium jenkinsii*
(Jenkins, Offizier der Handelskompanie in Indien; 19 Jh.)
In den höheren Bergregionen Indiens ist das wunderschöne *D. jenkinsii* beheimatet. Die kleinen, im Alter schrumpeligen, länglich ovalen Pseudobulben messen ca. 1,5 x 3 cm. Trotz ihrer geringen Größe lässt die Pflanze von Frühjahr bis Sommer sehr attraktive große, dottergelbe Blüten von 3–4 cm Durchmesser entstehen, die etwa 14 Tage lang halten. Die Blüten, meistens vier oder fünf, hängen an einer kurzen, verzweigten Rispe. Um diese Orchidee zum Blühen anzuregen, benötigt man ein unbeheiztes, großes Terrarium, dauernde Luftumwälzung und Temperaturen von 18–24 °C am Tage bei etwa 5 % Nachtabsenkung. Sie erhält den trockensten Standort im Terrarium (vorzugsweise Korkeiche mit Moosunterlage) und darf nur in der Wachstumszeit regelmäßig mit Wasser versorgt werden. Sind die Pseudobulben und das Blatt ausgewachsen, darf nur noch spärlich (ein- bis zweimal pro Woche) gesprüht werden, bis der Blütentrieb erscheint.

Dendrochilum

(griech. dendron = Baum, cheilos = Rand, Lippe)

Die etwa 150–160 Arten dieser Gattung, die in Indonesien, auf Neuguinea, Borneo, Java und Sumatra beheimatet ist, bestechen durch ihre bizarren, in großer Anzahl erscheinenden kleinen Blüten.
Fast sämtliche *Dendrochilum*-Spezies wachsen epiphytisch in niedrigen Höhenlagen und benötigen deshalb hohe Temperaturen. Die länglich-ovalen, in kurzen Abständen aus einem Rhizom wachsenden Pseudobulben brauchen nach dem Wachstumsabschluss nur wenig Wasser, um zum Blühen angeregt zu werden. Im Durchschnitt werden die ein- bis zweiblättrigen Pflanzen zwischen 15 und 35 cm hoch und verlangen Terrarien ab 1 m Höhe.

Dendrochilum glumaceum

☺ *Dendrochilum glumaceum*

(lat. glumaceus = mit Spelzen versehen; Als „Spelzen" bezeichnet man die ungenießbaren Hüllen der Getreidekörner, die Teil des Gräserblütenstandes sind.)
Die ovalen Pseudobulben dieser Orchidee messen ca. 1,5 x 3 cm, stehen dicht nebeneinander und produzieren in den Wintermonaten jeweils eine leicht gebogene Blütenrispe mit zahlreichen duftenden Blüten (ca. 1–1,5 cm).
D. glumaceum lässt sich gut auf Korkeiche oder Baumfarn aufbinden und benötigt hohe Luftfeuchtigkeit, aber wenig Gießwasser, und Temperaturen zwischen 22 und 25 °C. Ein guter Indikator für ein ausreichendes Wasserreservoir sind pralle Pseudobulben. Im Regelfall genügt es, die Pflanzen zwei- bis dreimal pro Woche intensiv zu bewässern.

☺ *Dendrochilum filiforme*

(lat. filum = Faden, forma = Form)
Im Habitus gleicht *D. filiforme* in seinem vegetativen Teil (also nicht in der Blüte) – trotz geringfügig kleinerer Pseudobulben – *D. glumaceum*. Seine Gesamtgröße beträgt etwa 25–30 cm, was der Länge der schmalen (1,5 cm) Blätter entspricht. Die Art ist wie *D. glumaceum* zu pflegen und blüht im Herbst cremefarben.

Dendrochilum filiforme

Haraella odorata

Haraella

(Nach Yoshie Hara, Taiwan)

☺ *Haraella odorata*
(lat. odoratus = wohlriechend)
Diese sehr kleine Orchidee von Taiwan (3–4 cm Blattlänge) wächst epiphytisch in Höhenlagen von 300–800 m ü. NN und benötigt Temperaturen von 24–28 °C sowie hohe Luftfeuchtigkeit. Ihre relativ großen, gelben, mit roter Lippe versehenen Blüten erscheinen unregelmäßig über das ganze Jahr verteilt, mit einem Schwerpunkt in den Sommer- und Herbstmonaten.
Im Terrarium wird *H. odorata* mit Moosunterlage auf Korkeiche oder Baumfarn aufgebunden und erhält einen Platz im oberen Drittel.
Die Pflanze wird immer mäßig feucht, jedoch niemals nass kultiviert, da sie sonst nach kurzer Zeit mit dem Abwerfen ihrer ohnehin wenigen Blätter reagieren würde. Sie ist wegen ihrer hübschen Blüten eine lohnende Bereicherung für Terrarien ab 80 cm Höhe.

Isabelia

(Vom brasilianischen Botaniker Barbosa Rodriguez nach Prinzessin Donna Isabel benannt.)

Isabelia virginalis
(lat. virginalis = jungfräulich; bezogen auf die weiße Blütenfärbung)
Isabelia virginalis ist die einzige Art ihrer Gattung und eine eindrucksvolle Erscheinung.
Die Heimat dieser Orchidee sind das Orgelgebirge sowie die zentralen und südlichen Regionen Brasiliens. Die sehr kleinen, 1–1,5 cm langen Pseudobulben tragen ein etwa 5 cm langes, nadelähnliches Blatt. Die eng aneinander stehenden Pseudobulben sind vollkommen von einem netzartigen Gewebe eingeschlossen, das charakteristisch für diese Art ist und ihr einzigartiges Aussehen prägt. Ältere Exemplare bilden regelrechte Pflanzenklumpen, die im Frühjahr und Herbst mit kleinen, aber auffälligen (ca. 1,5 cm Durchmesser), weiß-rosa Blüten übersät sind.
I. virginalis muss epiphytisch kultiviert werden, damit keine Staunässe entsteht. Tagestemperaturen von 19–23 °C und hohe Luftfeuchtigkeit bekommen den aus Bergregenwäldern stammenden Pflanzen gut. Besprüht werden sie erst, wenn sie abgetrocknet sind, und zwar in einem Zwei- bis Dreitagesrhythmus. Dauernder Luftaustausch ist dem Wachstum sehr förderlich.

Isabelia virginalis Foto: K-H. Kahlert

Leptotes
(griech. leptos = schlank, zart; bezogen auf die Wuchsform)

Die aus wenigen Arten bestehende Gattung *Leptotes* hat ihre Heimat in den Bergwäldern Brasiliens und Paraguays. Ihre Vertreter sind leicht zu pflegen und benötigen Tagestemperaturen zwischen 20 und 25 °C sowie 5–6 °C Nachtabsenkung.
Sämtliche Arten wachsen epiphytisch bei hoher Luftfeuchtigkeit und guter Luftzirkulation, oft auf kahler Rinde. Sie sind kleinwüchsig und bringen wunderschöne, relativ große Blüten hervor.

☺ *Leptotes bicolor*
(lat. bicolor = zweifarbig; bezogen auf die Blüten)
Die fast runden, in der Mitte eingekerbten Blätter werden nur 6–10 cm lang und messen etwa 6 mm im Durchmesser. Der kurze Blütenstiel produziert im Frühjahr meistens 1–3 fast 5 cm große Blüten, die im Durchschnitt 4–5 Wochen lang halten.
In großen, gut belüfteten Terrarien erhält die Art den trockensten und hellsten Platz mit hoher Luftfeuchtigkeit, aber wenig Gießwasser. Die Pflanzen können auf Korkeiche mit Moosunterlage aufgebunden werden und dürfen erst nach vollständigem Abtrocknen erneut besprüht werden. In jedem Fall ist häufiges Nebeln besser als tägliches Sprühen, das die sukkulenten Blätter bald abfaulen ließe.
Nach der Blüte sind die Pflanzen solange trocken zu halten, bis ein Neutrieb erscheint, der seinen Durst stillen möchte und nach einigen Monaten wieder aufs Neue eindrucksvolle Blüten hervorbringt.

Leptotes bicolor

Masdevallia

(Jóse Masdevall, span. Botaniker; 18 Jh.)

Mit über 360 Arten zählt *Masdevallia* nicht gerade zu einer kleinen Gruppe innerhalb der Orchideen, wohl aber zu einer ungewöhnlichen, was die Form der Blüten betrifft.

Ihr Verbreitungsgebiet beschränkt sich auf den mittel- und südamerikanischen Kontinent, wo ihre Vertreter in Höhenlagen von 300 bis über 3500 m ü. NN gedeihen. Sie sind sehr artenreich in den oberen Regionen der Berg- und Nebelwälder zwischen 1800 und 2800 m ü. NN anzutreffen, wo sie epiphytisch wachsen.

Vom Erscheinungsbild her kann man sie eher als bescheiden einstufen, denn die einzelnen Blätter von wenigen Zentimetern bis etwa 35 cm Länge lassen nicht unbedingt eine Orchidee vermuten. Ihre auffallenden Blüten dagegen sind intensiv gefärbt, relativ groß und können je nach Art mehrmals pro Jahr zahlreich erscheinen. Nahezu 90 % aller Masdevallien sind jedoch nicht für eine Kultur im Terrarium geeignet, weil ihre Umweltbedingungen fast unmöglich auf den relativ kleinen Kulturraum zu übertragen sind. Arten aus den Nebelwäldern benötigen z. B. Tagestemperaturen von 14–17 °C, hohe Luftfeuchtigkeit und viel frische Luft. Glücklicherweise gibt es einige Arten, die höhere Temperaturen bevorzugen, weil sie in Lagen zwischen 300 und 1200 m vorkommen und daher an Temperaturen von 23–28 C° angepasst sind.

Die hier vorgestellten *Masdevallia*-Arten verlangen ein mindestens 1 m hohes Terrarium (besser ab 1,5 m), um sich gut entwickeln zu können.

Masdevallia amplexa

(lat. amplectari = umschlingen, umfassen)

Ihre dunkelrote Blüte hebt sich geradezu majestätisch von der sonst unscheinbaren Pflanze ab, die nicht größer als rund 10 cm wird. *M. amplexa* wächst epiphytisch in den unteren Bergwäldern Perus, bei Temperaturen von 22–26 °C. Die ca. 1,5 cm große Blüte sitzt auf einem dünnen, etwa 20 cm langen Blütenstiel und erscheint in den Sommer- bis Herbstmonaten. Jedes Blatt kann einen solchen Blütenstiel hervorbringen. Diese Blütenstiele entwickeln sich jedoch meist nicht gleichzeitig, sondern nacheinander, sodass die Blütezeit mehrere Wochen andauern kann. In großen Terrarien (ab 1 m Höhe) wird *M. amplexa* auf Korkeiche mit wenig Moos aufgebunden und mäßig feucht (durch Nebel) kultiviert.

Ein sicheres Zeichen für zu viel Wasser ist bei allen Masdevallien das frühzeitige Vergilben und Abwerfen der Blätter. Hier gilt ganz besonders die wichtige Regel, dass die Pflanze nach dem Wässern abtrocknen muss.

Masdevallia amplexa

Masdevallia weberbaueri

Masdevallia weberbaueri
(August Weberbauer, deutscher Botaniker, spätes 20. Jh.)
Die aus Peru stammende *M. weberbaueri* wächst epiphytisch in Höhenlagen zwischen 300 und 900 m ü. NN und kann unter warmen Bedingungen kultiviert werden. Ihr schmales (1,5 x 2 cm), etwa 20–25 cm langes, fleischiges Blatt sitzt auf einem kurzen Stiel, aus dem sich der Blütenstiel mit einer einzelnen, rund 2 cm großen Blüte entwickelt.
M. weberbaueri blüht mehrmals pro Jahr für etwa 10–14 Tage. Ihre wunderschönen roten Blüten stehen im Kontrast zu den sattgrünen Blättern. Im Terrarium werden diese Orchideen auf Korkeiche mit Moosunterlage gepflanzt und durch Nebeln ständig leicht feucht gehalten.

Masdevallia floribunda
(lat. floribundus = reich blühend)
Das Verbreitungsgebiet liegt in Costa Rica und Honduras, wo die Pflanze in Höhenlagen von 300–900 m ü. NN gedeiht. Ihre Gesamthöhe beträgt etwa 15–20 cm (mit Blattstiel), wovon 6–10 cm auf das schmale Blatt entfallen. Diese relativ schnellwüchsige Art bildet in freier Natur dichte Horste, die während der Blütezeit (fast das ganze Jahr über) mit zahlreichen 1–1,5 cm großen Blüten übersät sind. Aus jeder neuen Blattachsel kann ein neuer Blütentrieb entstehen, der ungefähr 10–12 Tage überdauert. Ein längs aufgeschnittener Korkeichenast eignet sich gut für eine Bepflanzung im geräumigen, hellen Terrarium. Temperaturen um 25 °C werden problemlos vertragen, wenn die Luftfeuchtigkeit am Tage zwischen 70 und 80 % beträgt. Durch Abtrennen von Rhizomteilen lassen sich größere Pflanzen leicht vegetativ vermehren.

Masdevallia floribunda

Maxillaria
(lat. maxilla = Kinnlade; auf die Blütenlippe bezogen)
Mit über 300 Arten, deren Verbreitungsgebiet sich von Mittel- bis Südamerika erstreckt, erreichen Maxillarien eine hohe Vielfalt, was die Größe der Pflanzen und der Blüten betrifft. Von wenigen Zentimeter kleinen bis zu rund 80 cm großen Arten sind sie in Tieflandwäldern, jedoch artenreicher in montanen Bergwäldern bis 300 m ü. NN anzutreffen.
Sie wachsen fast immer epiphytisch an schattigen Stellen, vom unteren Stammbereich bis in die Baumkronen der Urwaldriesen.
Mit ihren Wurzeln sind sie in der Lage, sich auch auf nackter Rinde einen festen Halt zu verschaffen. Seitenäste, die dicht mit Farnen und Moosen bewachsen sind, zählen ebenfalls zu den bevorzugten Standorten.
Die hier beschriebenen Arten sollten am Tage bei Temperaturen zwischen 22 und 26 °C kultiviert werden, die nachts um ca. 4–5 °C fallen müssen.

Maxillaria desvauxiana
(August Nicaise Desvaux, franz. Botaniker, 18 Jh.)
Diese aus Kolumbien, Brasilien und Venezuela stammende Art erreicht eine Gesamtgröße von etwa 30–40 cm.
Die flachen, 2,8 x 5 cm messenden Bulben bringen jeweils ein einzelnes, 2–3 cm breites und ca. 20 cm langes Blatt hervor, das am oberen Ende spitz zuläuft.
Während der Blütezeit vom späten Frühjahr bis zum Sommer erscheint eine einzelne, kurz gestielte und 4–6 cm große, creme-maronfarbene Blüte für ungefähr 10–14 Tage.
Während und kurz vor der Blütezeit sollte die Pflanze bei hoher Luftfeuchtigkeit nur geringe Wassermengen erhalten, um ein frühzeitiges Abfaulen der neu entstehenden Blütentriebe zu vermeiden (einmal pro Woche sprühen).
Nach Erscheinen des Neutriebes dürfen die Pflanzen wieder feucht kultiviert werden, um ein kräftiges Wachstum anzuregen.

Maxillaria desvauxiana

M. desvauxiana muss epiphytisch kultiviert werden, wozu ein breiter, halbierter Korkeichenast von rund 15 cm Länge bestens geeignet ist. Tagestemperaturen bis 25 °C, verbunden mit guter Luftumwälzung und Nachtabsenkung auf ca. 18 °C sollten sie gut gedeihen lassen.
Große Terrarien (ab 1 m Höhe) sind Voraussetzung, um der Pflanze genügend Platz zu bieten.

Maxillaria tenuifolia
(lat. folium = Blatt, tenuis = langgestreckt, schmal; bezogen auf die Blätter)
Die kräftig rote Blüte dieser Art misst etwa 5 cm und erscheint bei günstigen Kulturbedingungen im späten Frühjahr für etwa vier Wochen. Häufig bildet jeder der neu ausgewachsenen, 2–3 cm großen, eiförmigen Bulben eine einzelne Blüte aus, die besonders attraktiv wirkt.
M. tenuifolia ist von Mexiko bis Nicaragua beheimatet und verträgt problemlos Temperaturen von 25–28 °C bei hoher Luftfeuchtigkeit und 5–8 °C Nachtabsenkung.
Trotz der relativ kleinen Bulben braucht sie wegen der schmalen (ca. 1 cm), jedoch rund 30 cm langen Blätter (Name!) und des stark kriechenden Rhizoms viel Raum.
Sie sollte mit etwas Moosunterlage an der Rückwand befestigt werden und über genügend Platz nach oben verfügen. Gießen Sie wenig während der Blütezeit und etwas mehr, wenn der Neutrieb erscheint.

Maxillaria tenuifolia

Maxillaria variabilis

Maxillaria variabilis
(lat. varius = mannigfaltig, verschiedenartig; bezogen auf die Blütenform)
Eine sehr interessante, bis ca. 20 cm große Art aus Mittelamerika, die wir in Costa Rica in Höhenlagen von 1600 m ü. NN häufig auf stark bemoosten Ästen fanden.
Die Pseudobulben messen durchschnittlich 2–4 cm und bilden ein einzeln stehendes Blatt von ca. 2 x 15 cm aus.
Der kurze Blütenschaft bildet eine meistens gelbe Einzelblüte (rund 2 cm) mit rötlicher Lippe.
M. variabilis blüht mehrmals pro Jahr für einige Wochen.
Die Pflanzen müssen epiphytisch auf Kork, Baumfarn oder gut durchgetrocknetem Robinienholz mit Moosunterlage kultiviert werden. Gegossen werden sie nur nach vollkommenem Abtrocknen (ca. alle zwei Tage) bei gleichzeitig hoher Luftfeuchtigkeit.

Mediocalcar

(lat. medium = Mitte, calcar = Sporn)

Eine Gattung mit etwa 20 Arten, deren Hauptverbreitungsgebiet Neuguinea, Sulawesi und die Molukken umfasst. In den immerfeuchten Berg- und Nebelwäldern des Naturstandorts wachsen ihre Vertreter in Höhenlagen von 600–3500 m ü. NN epiphytisch, terrestrisch oder auf moosbedeckten Felsen. Gemäß ihrer Herkunft benötigen sie ein unbeheiztes, großes Terrarium mit Tagestemperaturen von 18–22 °C, hohe Luftfeuchtigkeit und sehr gute Luftzirkulation.
Die kleinen, länglich ovalen Pseudobulben (ca. 0,4 x 2 cm) sind je nach Art mit 1–5 dickfleischigen, schmalen, 1–3 cm langen Blättern versehen. Attraktive Blüten (wie kleine Glocken aussehend) erscheinen für 10–14 Tage, meistens in den Wintermonaten. Das Farbspektrum umfasst Rot, Orange und Gelb (Blütendurchmesser ca. 0,8 cm).

☺ *Mediocalcar decoratum*
(decoratus = bezaubernd)

Die einzige Art dieser Gattung, die in Deutschland über den Orchideenhandel zu beziehen ist, wird häufig unter dem Namen *M. pygmaeum* angeboten. Tatsächlich handelt es sich jedoch um *M. decoratum*: Diese Art besitzt im Gegensatz zum zweiblättrigen *M. pygmaeum* vier Blätter und wesentlich kleinere Pseudobulben. *M. decoratum* ist in Neuguinea endemisch und wächst in Höhenlagen von ca. 800– 2500 m ü. NN. Es blüht mit kleinen, orangeroten Blüten von Dezember bis Januar und manchmal auch in den Sommermonaten. Die feinen, rötlichen Luft- und Haltewurzeln verstecken sich besonders gerne in Moospolstern, die ausreichend Feuchtigkeit speichern. Grobfaserige Baumfarnplatten sind die beste Unterlage für die Kultur, weil sie optimalen Halt und Luftdurchlässigkeit für die Wurzeln bieten. Trotz ihrer Kleinwüchsigkeit gehört die Art nur in große Terrarien (ab 1 m Höhe), wo die Pflanze nach kurzer Zeit größere Flächen bedecken kann. Sie ist sehr leicht vegetativ zu vermehren.

Mediocalcar decoratum

Neolauchea
(Lauche, Direktor des botanischen Gartens in Liechtenstein, 19. Jh.)

☺ *Neolauchea pulchella*
(lat. pulchellus = hübsch, reizend)
Aus den Bergwäldern Südbrasiliens stammt dieser hübsche Epiphyt mit ca. 6–10 cm langen, nadelähnlichen Blättern und rund 0,8 cm kleinen Bulben. Wenn die Pflanze luftfeucht und nicht zu nass kultiviert wird, erscheinen im Spätherbst die etwa 1 cm großen, roten Blüten immer einzeln pro Bulbe. Das dünne, verzweigte Rhizom lässt im Abstand von wenigen Zentimetern immer neue Bulben entstehen, die mit ihren langen Ausläufern die Rinde der Bäume umklammern. *N. pulchella* benötigt ein hohes Terrarium (ab 1 m), Tagestemperaturen von 20–22 °C, hohe Luftfeuchtigkeit und wenig Wasser von September bis Oktober, bis die Blüten erscheinen. Nach der Blütezeit und mit dem Auswachsen des Neutriebes dürfen die Orchideen wieder ausreichend mit Wasser versorgt werden, damit dieser genügend Kraft bekommt.

Neolauchea pulchella

Phalaenopsis
(griech. phalaina = Nachtfalter, opsis = aussehend)

Diese relativ kleine Orchideengattung mit knapp 50 Naturarten und mehr als 5000 Hybriden ist gleichzeitig eine der bekanntesten und meistverkauften, u. a. wegen der einfachen Pflege der Zuchtformen auf der Fensterbank, der oftmals monatelangen Haltbarkeit der großen Blüten und ihrer interessanten Farben.
Die vorgestellten Naturarten dagegen gehören natürlich nicht auf die Fensterbank, da ihre Kulturbedingungen nur in Gewächshäusern und großen Tropenterrarien realisiert werden können.
Das Verbreitungsgebiet der *Phalaenopsis*-Arten erstreckt sich von Nordaustralien, Neuguinea, den Philippinen, der malaiischen Halbinsel, Indien, Taiwan und Borneo bis zu den indonesischen Inseln. Sie bilden keine Pseudobulben aus und wachsen epiphytisch im unteren bis mittleren Bereich Schatten spendender Bäume.
Am Naturstandort von 0–1000 m ü. NN herrschen bei hoher Luftfeuchtigkeit Tagestemperaturen von 26–32 °C, die auch in der Nacht selten unter 20 °C sinken.
Die 3–4 meist dickfleischigen, in eine Richtung wachsenden Blätter bilden keine Seitentriebe und verbreitern sich zum Ende hin. Mit Ausnahme der groß werdenden Art *Ph. gigantea* erreichen die Blattspannen eine Länge von wenigen Zentimetern bis zu durchschnittlich 20–30 cm. Die Blütenstände unterschiedlicher Länge wachsen seitlich aus der verlängerten Sprossachse (kurzer Stamm) und können verzweigt sowie aufrecht oder hängend ausgebildet sein.
Die Blüten variieren je nach Art in Form, Größe und Farbe. Die Hybridzüchtungen produzieren oftmals sehr lange Rispen (bis zu 1 m) und sollten, wenn überhaupt, nur in Terrarien ab 1,80 m Höhe kultiviert werden. Sie gehören aber, wie bereits betont, eigentlich auf die Fensterbank oder ins Gewächshaus.

Phalaenopsis cornu-cervi

Sämtliche Arten benötigen einen hellen Standort im Terrarium, etwa im mittleren bis oberen Bereich, mit guter Dränage, ohne herabtropfendes Wasser und ständige Nässe. Die Pflanzen sind in leicht geneigter Lage aufzubinden, damit das Wasser in den Blattachsen sofort ablaufen kann, welches sonst leicht zu Fäulnisbildung und Verlust des Blattes führt.
Je höher die Luftfeuchtigkeit, umso weniger Wasser benötigen die Pflanzen. Nur unter diesen Bedingungen können sie ein kräftiges, gesundes Wurzelwachstum entwickeln.
Ständige Luftumwälzung und mäßiges Sprühen nach Abtrocknen der Wurzeln sind die Voraussetzungen für eine erfolgreiche Kultur.

☺ *Phalaenopsis cornu-cervi*
(lat. cornu = Geweih, cervus = Hirsch; bezogen auf den geweihähnlichen Blütenstand)
Die auf Java, Borneo, Sumatra und in Thailand beheimatete *Ph. cornu-cervi* wächst epiphytisch in unterschiedlichen Höhenlagen bis ca. 900 m ü. NN, häufig an schattigen Standorten. Diese recht kleine Art (Blattlänge 15–20 cm) produziert einen oder mehrere kurze, 10–30 cm messende, verzweigte Blütenrispen, die durch ihre Zickzack-Form einem Hirschgeweih ähneln (Name!).
Fast das ganze Jahr hindurch erscheinen hübsche, mit rotbraunen Flecken versehene, 3–4 cm große Blüten. Nachdem diese verwelkt sind, passiert es oftmals, dass der Blütenstand weiterwächst und neue Blüten hervorbringt, sodass eine über das ganze Jahr verteilte Blüte erwartet werden kann.
Temperaturen von 22–26 °C am Tage mit ca. 5 °C Nachtabsenkung und hohe Luftfeuchtigkeit sind ideale Kulturbedingungen.
Ph. cornu-cervi benötigt einen hellen, trockenen Standort im mindestens 1 m hohen Terrarium mit optimaler Luftzirkulation.

☺ *Phalaenopsis equestris*
(lat. equester = reitend; bezogen auf die Stellung der Blätter)
Eine zierliche Art von Taiwan und den Philippinen mit Blättern von 15–20 cm Länge und 4–5 cm Breite. Die zahlreichen meist rosafarbenen, ca. 3 cm großen Blüten erscheinen häufig im Frühjahr und Herbst, aber unregelmäßig über das ganze Jahr verteilt.
Die kleine Pflanze ist mit Moosunterlage im

Phalaenopsis equestris

mittleren Bereich des Terrariums epiphytisch zu kultivieren und muss die Möglichkeit haben, bis zum Abend vollkommen abgetrocknet zu sein. Hohe Luftfeuchtigkeit und Temperaturen zwischen 22 und 26 °C sowie dauernde Luftumwälzung sind für die Kultur erforderlich.
Das Terrarium sollte mindestens 1m hoch sein.

Phalaenopsis lobbii
(Thomas Lobb, engl. Orchideensammler in Südostasien; 19. Jh.)
Diese sehr kleine Pflanze mit einer Blattlänge von ungefähr 5–8 cm stammt aus den indischen Provinzen Sikkim und Assam sowie aus Vietnam und produziert zahlreiche, sich verzweigende Wurzeln.
Die kurze Blütenrispe (10–12 cm) wächst an der Blattbasis und bildet 3–8 cremefarbene Blüten mit hellbrauner Lippe, die eine Größe von 2–2,5 cm erreichen und sich für etwa drei Wochen im Frühjahr öffnen.
Ph. lobbii muss in großen Terrarien epiphytisch mit Moosunterlage kultiviert werden und benötigt hohe Luftfeuchtigkeit, geringe Wassergaben und dauernde Luftumwälzung bei genügend Licht.

Phalaenopsis luddemanniana
(Lueddemann, französ. Orchideengärtner, 19. Jh.)
Diese Art stammt von den Philippinen und besitzt 25–30 cm lange sowie 6–8 cm breite elliptische, fleischige Blätter.
Der leicht gebogene Blütenstand bringt Blüten von 4–6 cm Durchmesser hervor, die sehr lange halten.
Sie sind violett bis rot gefleckt und erscheinen häufig in den Monaten April bis Juli, jedoch ist auch eine Blütezeit das ganze Jahr über möglich.

Phalaenopsis lobbii

Phalaenopsis luddemanniana

Tagestemperaturen von 25–28 °C und hohe Luftfeuchtigkeit lassen diese Orchidee in geräumigen Terrarien gut gedeihen.
Im mittleren Bereich des Terrariums wird die Orchidee mit genügend Platz nach beiden Seiten in leicht geneigter Stellung auf einen breiten Korkeichenast mit Moosunterlage aufgebunden.

Phalaenopsis mannii
(Gustav Mann, Deutscher Orchideenliebhaber in Indien; 19. Jh.)
Die 3–5 großen, ovalen, herabhängenden Blätter dieser Art werden ca. 30 cm lang und ca. 6 cm breit. *Ph. mannii* öffnet vorwiegend im Frühjahr ihre 4–5 cm großen gelb-braunen Blüten an einer 30–40 cm langen Rispe. Die Art stammt aus der indischen Provinz Sikkim sowie aus Vietnam und gehört nur in große Terrarien mit genügend Luftvolumen und sich dauernd bewegender Luft.
Korkeiche mit Moos ist eine gute Unterlage an einem hellen, trockenen Standort.

Phalaenopsis mannii

☺ *Phalaenopsis parishii*
(Der Brite Charles Parish sammelte und entdeckte zahlreiche Orchideen; 19. Jh.)
Äußerlich ist *Ph. parishii* kaum von *Ph. lobbii* zu unterscheiden, lediglich die violette Färbung der Lippe kann als Merkmal herangezogen werden.
Die Kulturbedingungen sind identisch mit denen von *Ph. lobbii*.

Phalaenopsis parishii

Phalaenopsis violacea
(lat. violaceus = violett; bezogen auf die Färbung der Blüte)
Besonders auffallend sind die hübschen, 5–8 cm Durchmesser erreichenden Blüten, deren äußere Blütenblätter hellgrün und zur Mitte hin violett bis purpur gefärbt sind (Name!). *Ph. violacea* bildet häufig nur 2–3 Blätter aus, die ca. 23 cm lang und 10 cm breit sind. In den Sommermonaten bis zum Herbst erscheinen an einer kurzen Blütenrispe 2–4 Blüten, die sich nacheinander öffnen.
Die auf Borneo und Sumatra heimischen Orchideen benötigen Tagestemperaturen von 25–28 °C bei etwa 5 °C Nachtabsenkung, guter Luftumwälzung und hoher Luftfeuchtigkeit.
Sie müssen epiphytisch kultiviert werden und dürfen erst nach vollständigem Abtrocknen erneut mit Wasser versorgt werden, damit sich kräftige Wurzeln entwickeln können.
Im mittleren Bereich großer Terrarien ist diese Orchidee gut untergebracht.

Phalaenopsis violacea

Pleurothallis
(griech. pleura = Seite des Körpers, Rippe, thallos = Spross)
Nach *Bulbophyllum* ist *Pleurothallis* mit über 2000 Arten die zweitgrößte Orchideengattung – mit einem riesigen Verbreitungsgebiet von Mittelamerika über die Antillen bis nach Brasilien, Kolumbien, Peru, Bolivien und Argentinien. Fast sämtliche Arten wachsen epiphytisch in unterschiedlichen Höhenlagen der Bergregenwälder von 1000–4000 m ü. NN.
Einige wenige Spezies, die in den Tieflandregenwäldern Mittelamerikas heimisch sind, gedeihen auch bei höheren Temperaturen (z. B. *Pleurothallis grobyi*). Zwischen 2000 und 4000 m ü. NN erreicht die Gattung ihre größte Artenvielfalt.
Der weitaus größte Teil begnügt sich jedoch mit Tagestemperaturen von 18–20 °C und Nachtwerten von 15 °C bei hoher Luftfeuchtigkeit und sich stets bewegender Luft.
Sämtliche Arten besitzen keine *Pseudobulben*, sind einblättrig und wachsen das ganze Jahr hindurch, ohne eine Unterbrechung durch längere Ruhezeiten. Viele *Pleurothallis*-Arten sind zwergwüchsig (2–15 cm Gesamtgröße), jedoch können einige Arten eine Höhe von bis zu 80 cm erreichen.
Die Blüten erscheinen oftmals direkt dem Blatt aufsitzend oder aus der Blattachse, einzeln oder paarweise sowie auch vielblütig an Rispen.
Die überwiegend klein bleibenden, je nach Art von hellgelb bis dunkelrot in fast jeder Farbstufung auftretenden Blüten sind ungeachtet ihrer geringen Größe eine Erscheinung von besonderem Zauber.
Die vorgestellten Arten sind unter den empfohlenen Kulturbedingungen leicht zu pflegen und belohnen durch dauerndes Wachstum und reichlich Blüten – fast das ganze Jahr hindurch.

Pleurothallis amparoana
(Dona Amparo de Celedón, Orchideenliebhaberin aus Costa Rica; Anfang 20. Jh.)
Das schlanke und schmale Blatt dieser Art

Pleurothallis amparoana

Pleurothallis costaricensis

hat eine Länge von 12–15 cm und sitzt auf einem nur rund 3 cm messenden Stiel.
In den Sommermonaten blüht *P. amparoana* mit ca. 10–15 cremefarbenen, behaarten und ca. 6–8 mm kleinen Blüten pro Rispe überreichlich für ungefähr zehn Tage.
Die ebenfalls aus den Bergregenwäldern Costa Ricas und Panamas stammende Orchidee begnügt sich mit Temperaturen von 18–22 °C am Tage bei 5–7 °C Nachtabsenkung.
Die Pflanzen werden durch Nebel bewässert und mögen keine Staunässe. Ein Ventilator sorgt ständig für eine gute Luftumwälzung und Frischluft. Für große Terrarien ab 0,80 m Höhe geeignet.

Pleurothallis costaricensis
(*costaricensis* = in Costa Rica heimisch)
Die Gesamtgröße der Pflanze inklusive Blütenstand beträgt etwa 15–20 cm, wobei 8–9 cm auf das schlanke Blatt entfallen.
Im Frühjahr und Herbst schmückt sich *P. costaricensis* meistens überreich, häufig aus fast jeder Blattachse mit 15–20 gelbgrünen, kleinen, aber nicht zu übersehenden Blüten. Selbst kleinere Exemplare blühen mit 100–200 Blüten gleichzeitig für ungefähr 10–14 Tage. *P. costaricensis* muss epiphytisch kultiviert werden und benötigt Temperaturen zwischen 20 und 24 °C am Tage bei 6–8 °C Nachtabsenkung.
Bestens geeignet sind halbierte Korkeichenäste von 8–10 cm Durchmesser, auf denen die Pflanzen mit Moosunterlage gepflanzt werden. Hohe Luftfeuchtigkeit und eine ständige Luftumwälzung lassen die Orchidee in Terrarien ab 1 m Höhe gut gedeihen.

☺ *Pleurothallis grobyi*
(Lord Grey of Groby = engl. Orchideenliebhaber, 19 Jh.)
Ein Kleinod aus Mittelamerika bis Brasilien, das auch höhere Temperaturen (26–28 °C) problemlos verträgt, weil es im Tiefland bis ca. 1300 m ü. NN vorkommt.
Das dunkelgrüne, etwa 3–4 cm lange und

Pleurothallis grobyi

1 cm breite Blatt ist im vorderen Bereich stark abgerundet. Der Blütenstand mit bis zu zehn grüngelben, locker angeordneten und etwa 1 cm großen Blüten erscheint in den Sommermonaten.
P. grobyi lässt sich auf Korkeichenstücken mit etwas Moosunterlage leicht in mittelgroßen Terrarien kultivieren.

Pleurothallis immersa
(lat. immergere = versenken)
Die Blütenrispe dieser hübschen kleinen Art erscheint immer mittig aus der Blattachse und trägt etwa 6–7 cm große, fahlgelbe, nur halb geöffnete Blüten. Das fleischige Blatt misst ca. 0,8 x 10 cm und ist oben abgerundet. *P. immersa* ist in Costa Rica und Panama heimisch und bildet im unteren Bergwald (1400–1800 m ü. NN) dichte Horste auf niedrigen, mit Moos bewachsenen Bäumen.
Die Temperaturen im geräumigen Terrarium sollten tagsüber 20–23 °C und nachts 15–18 °C betragen.
Eichenäste von ca. 5–6 cm Durchmesser oder Korkeiche mit Moos sind geeignete Unterlagen für eine epiphytische Kultur.
Die Pflanzen dürfen fast immer leicht feucht gehalten werden, sollten aber einmal wöchentlich abtrocknen. Dauernde Luftumwälzung bekommt ihnen sehr gut und lässt sie in guter Kultur mindestens für sechs Monate pro Jahr in Blüte stehen.

Pleurothallis immersa

☺ *Pleurothallis prolifera*
(lat. proles = Sprösslinge, Nachkommen, ferre = hervorbringen)
Herzförmige, an den Seiten leicht nach innen gewölbte Blätter (3 x 8 cm) sind typisch für diese klein bleibende Art aus dem Osten Brasiliens, deren Gesamtgröße etwa 12–15 cm beträgt. Die Pflanzen wachsen epiphytisch und lithophytisch bei hohen Tagestemperaturen von 28 °C, jedoch starker Nachtabsenkung auf 10–15 °C.
Vom Frühjahr bis Sommer erscheint aus der Blattachse eine kurze Blütenrispe mit 6–8

Pleurothallis prolifera

Pleurothallis rowleei

dunkelroten, hübschen Blüten (6 mm), die dem Blatt aufliegen. Häufig bilden sich anstatt der Blüten vegetative Ableger, denen diese Orchidee ihren Namen verdankt. *P. prolifera* wächst prächtig und blüht regelmäßig, wenn eine entsprechende Nachtabsenkung ermöglicht werden kann.
Häufiges Vernebeln, wenig Gießwasser und gelegentliches Abtrocknen fördern das Wohlbefinden dieser anpassungsfähigen Art.

☺ *Pleurothallis rowleei*
(Willard Winfield Rowlee, US-amerik. Botaniker; 19. Jh.)
In Costa Rica und Panama bewohnt diese Art die unteren Bergwälder. Die Gesamtgröße der Pflanze beträgt etwa 25–30 cm, wobei der dünne Blattstängel fast 20 cm lang ist, auf das Blatt selbst aber nur rund 5 cm entfallen. Ihre kurze Blütenrispe bringt 4–7 dunkelviolette Blüten hervor, die etwa 15 mm lang sind.
Die Blütezeiten von jeweils ungefähr zehn Tagen fallen meistens in die Monate Dezember und Januar sowie Juni und Juli.
Temperaturen von 22–25 °C am Tage bei 5 °C Nachtabsenkung machen *P. rowleii* zu einem leichten Pflegling.
Diese Orchidee sollte auf Korkeichenstücke aufgebunden werden, damit das Wasser schnell abfließen kann und keine Staunässe entsteht.

Pleurothallis schiedei
(Schiede, deutscher Botaniker in Mexiko, 19. Jh.)
Besonders hübsche, wenn auch sehr kleine Blüten von nur 5–7 mm bringt diese Art hervor, und zwar fast das ganze Jahr über.
Die schmalen Blätter erreichen eine Gesamtlänge von ungefähr 3–6 cm und sind knapp 1 cm breit. Selbst relativ kleine Horste produ-

Pleurothallis schiedeii

zieren mehrere sehr feine Blütenrispen mit 4–8 nacheinander sich öffnenden Blüten mit feinster Behaarung der äußeren Blütenblätter. Die Pflanzen gedeihen auch bei Temperaturen von 20–25 °C, wenn eine starke Nachtabsenkung auf 15–17 °C ermöglicht werden kann. Die Pflanzen müssen epiphytisch kultiviert und überwiegend durch Nebel mit Wasser versorgt werden. *P. schiedei* ist sehr anpassungsfähig und leicht zu pflegen, wenn sie nicht dauernd nass, sondern lediglich feucht gehalten wird. Ihre Heimat sind höher gelegene Bergwälder in Mexiko, Guatemala und El Salvador.
Mittelgroße Terrarien mit guter Belüftung und dauernder Luftumwälzung sind Voraussetzung für eine erfolgreiche Kultur.

Rodriguezia

(Benannt nach dem spanischem Apotheker Manuel Rodriguez, 18. Jh.)
Es sind etwa 50 Arten bekannt, die im Tiefland und den unteren Bergwäldern Mittel- und Südamerikas beheimatet sind.
Den größten Artenreichtum besitzen Kolumbien, Bolivien, Ecuador und Brasilien. In Costa Rica und Panama sind jeweils zwei Arten vertreten.
Charakteristisch für die Arten ist das ausgeprägte System langer, dünner, dicht nebeneinander hängender Luftwurzeln.
Die Pflanzen wachsen am Naturstandort epiphytisch im leichten Schatten auf dünneren Ästen mit Moosunterlage und im unteren Bereich auf kahler Rinde.

Rodriguezia decora
(lat. decorus = anmutig, schön)
Der Name ist passend gewählt, betrachtet man die im Winter bis zum Frühjahr erscheinenden dekorativen Blüten dieser Art.
Sie ist in Brasilien (Santa Catarina, Rio Grande do Sul) in den unteren, also mäßig warmen Bergwäldern beheimatet und benötigt Tagestemperaturen von 20–24 °C sowie 5–7 °C Nachtabsenkung. Die schlanken Pseudobulben (2–2,5 cm) bilden häufig ein längeres (10–15 cm) und tiefer sitzend ein kürzeres, schmales und spitz zulaufendes Blatt aus.
Die Bulben wachsen in einem Abstand von 10–20 cm aus einem dünnen Rhizom. *R. decora* benötigt hohe Terrarien ab 1,50 m, um sich mit ihrem reichlichen Wurzelwerk ausbreiten und in die Höhe klettern zu können. Es ist ratsam, die Pflanze an der Rück- oder Seitenwand im mittleren Bereich des Terrariums zu befestigen, damit genügend Platz für ihren schnellen Wuchs im oberen Bereich zur Verfügung steht.

Rodriguezia decora

Rodriguezia lanceolata

☺ *Rodriguezia lanceolata*
(lat. lanceolatus = mit kleiner, lanzenförmiger Spitze)
Das Verbreitungsgebiet dieser Art reicht von Panama bis Brasilien.
Die meist zwei gekielten, dickfleischigen, etwa 20 cm langen Blätter wachsen aus einer 2–4 cm langen und 1–1,5 cm dicken Pseudobulbe, sodass die Pflanze insgesamt recht klein erscheint.
Ihre Blütenrispen erscheinen häufig, nachdem der Neutrieb sein Wachstum abgeschlossen hat. Sie erreichen eine Länge von ca. 20–30 cm und tragen 8–15 rosa bis dunkelrot gefärbte, eindrucksvolle Blüten.
Die Rispe ist unter der Last der dicht stehenden Blüten leicht nach unten gebogen. *R. lanceolata* benötigt trotz ihrer geringen Größe wegen der langen Luftwurzeln viel Platz und gehört in Terrarien ab 1 m Höhe.
Die Temperaturen dürfen am Tage 26–30 °C betragen – bei hoher Luftfeuchtigkeit.
Es ist sinnvoll, die Pflanze mit etwas Moos einem waagerecht verlaufenden Ast aufzubinden, damit die Wurzeln frei nach unten wachsen können.
Eine gute Luftumwälzung ist selbstverständlich.

Bromelien

Kulturanweisungen und Pflegetipps für Bromelien

Bromelien sind tropische bis suptropische Pflanzen, die von 0–4000 m ü. NN (Tieflandregenwald bis montane Regenwaldstufe) in überaus hoher Zahl anzutreffen sind.

Den Löwenanteil nehmen die in großer Vielfalt auftretenden epiphytischen Bromelien ein. Einige Arten wachsen sowohl terrestrisch als auch epiphytisch. Bromelien können sich mittels ihrer flugfähigen Samen auf Bäumen niederlassen und dort keimen.

Am Naturstandort besiedeln sie oftmals Bäume mit klein bleibenden Blättern, um in den Genuss von möglichst viel Licht zu kommen. Palmen (z. B. Kokospalme) sind ebenfalls geeignete „Partner“, bei denen sich die Bromelien rund um den Stamm bis kurz vor die Krone ansiedeln, um auch hier den hohen Lichtanteil auszunutzen.

Obwohl Bromelien auch an schattigen Standorten keimen, sind doch häufig vor allem die Baumkronen dicht mit Bromelien besetzt. Ein einziger Urwaldriese kann leicht von einigen hundert Bromelien bevölkert sein, jedoch ist der Artenreichtum häufig auf 3–4 Spezies pro Baum und Region begrenzt.

Die Temperaturen im Tieflandregenwald liegen bei ca. 25–30 °C am Tage und nachts selten unter 23 °C.

Bei 1600 m ü. NN sinken die Temperaturen auf etwa 23–25 °C am Tage und 12–19 °C nachts. In Höhenlagen von 2500–2900 m ü. NN (Nebelwaldstufe) erreichen die Tagestemperaturen 13–18 °C, die Nachttemperaturen dagegen nur 7–12 °C. Die Pflanzen im Bereich der Baumkronen sind während des Tages großen Schwankungen ausgesetzt: Von 40–100 % Luftfeuchtigkeit reicht die Spanne. Der Mittelwert liegt bei ca. 30 % während des Tages und 50 % in der Nacht.

Die Niederschlagsmenge der Tieflandregenwälder ist das ganze Jahr als annähernd konstant hoch einzustufen. Trockenperioden bedeuten lediglich „etwas weniger Regen“, denn auch dann werden die unterschiedlichen Höhenstufen (1000–3000 m ü. NN) noch intensiv mit Regenwasser und Nebel

Bromelie am Naturstandort in Costa Rica

versorgt, sodass von eigentlicher Trockenheit keine Rede sein kann.
Bromelien bevorzugen ein ständig luftfeuchtes, jedoch nicht dauernasses Klima. Ihre Trichter sind ständig mit Wasser gefüllt.
Ein beeindruckendes Phänomen bei Bromelien ist die Aufnahme von Wasser, Tau oder Nebel durch Schuppenhaare (Trichome), die durch Quellung, also rein physikalisch erfolgt. Bei *Cryptanthus zonatus* (siehe Seite 90) sind die Wasser aufnehmenden Strukturen in Form einer Blattzeichnung sichtbar. Bei Vertretern der Bromelioideae treten Trichome an der Blattoberfläche bei den Gattungen *Aechmea, Billbergia, Nidularium* und *Guzmania* auf.
Bei den beiden Gattungen der Tillandsioideae (*Tillandsia* und *Vriesea*) ist diese Spezialisierung bei der Wasseraufnahme ebenfalls zu beobachten: Sind bei den meisten Bromelien die Wurzeln nur noch als kurze, drahtige Haftorgane ausgebildet, so fehlen diese bei manchen *Tillandsia*-Arten sogar völlig – sie nehmen das Wasser ausschließlich über ihre Absorptionshaare auf.
Im Terrarium ist die natürliche epiphytische Lebensweise unbedingt zu berücksichtigen: Man sollte die Pflanzen daher mit Moosunterlage auf Kork oder Baumfarn aufbinden.
In geschlossenen Behältern sind Bromelien immer epiphytisch zu kultivieren, um stagnierende Nässe im Bereich des Wurzelballens zu vermeiden. Die Wasserqualität an Naturstandorten zeichnet sich durch den geringen Salzgehalt (30–50 mS) und den damit verbundenen, ebenfalls geringen Härtegrad des Regenwassers (3–6 °dH) aus. Der pH-Wert bewegt sich zwischen 5,0 und 6,0 – also im schwach sauren Bereich.
Der Vergleich zu Leitungswasser (oft 400–500 mS, 15–20 °dH, neutraler pH-Wert, chloriert usw.) zeigt, dass es keinesfalls zur Bromelienpflege genutzt werden darf. Osmose- oder Regenwasser aus wenig verschmutzten Gebieten ist unbedingt der Vorzug zu geben.
Hin und wieder sind die Bromelientrichter in geschlossenen Behältern auf ihren Wasserstand zu überprüfen und gegebenenfalls (etwa einmal pro Monat) mit frischem Wasser aufzufüllen.
Bei zu geringem Luftaustausch neigt das Wasser in den Bromelientrichtern oftmals zu Fäulnisbildung. Es sollte dann mit einer Spritze abgesaugt und ausgetauscht werden.
Um ein geeignetes Mikroklima in geschlossenen Behältern zu schaffen, reicht (je nach Größe des Behälters) einmaliges Sprühen pro Tag – eine Nebelanlage ist die ideale Lösung. Ein zeitweiliges Abtrocknen bei gleichzeitig hoher Luftfeuchtigkeit im Bereich der Luftwurzeln bekommt den Pflanzen sehr gut. Auch in der Natur ist es durchaus möglich, dass der Regen für einige Tage ausbleibt.
Bromelien gehören eher zu den langsam wachsenden Pflanzenarten, jedoch nicht unbedingt auch zu den kleinwüchsigen. Zu bedenken ist aber bei der Wahl einer Bromelie fürs Terrarium, dass selbst großwüchsige Arten Jahre brauchen, um ihre Gesamthöhe zu erreichen.
Insgesamt betrachtet gehören die Bromelien zu den leicht zu pflegenden Pflanzengruppen, und es bedarf schon einiger grober Fehler, damit der Kulturerfolg ausbleibt.

Ein mit Bromelien übersäter Baum in Costa Rica

Artenteil
☺ Alle hier vorgestellten Bromelien sind für Anfänger geeignet,wenn genügend Platz und Licht im Terrarium vorhanden sind.

Bromelien im Tropenterrarium Foto: D. Löhmann

Aechmea

(griech. aichme = Lanzenspitze; bezogen auf die meist stachelig spitzen Kelchblätter der Blüten)

Die Gattung umfasst etwa 200 Arten. Wir möchten hier nur einige Bromelien vorstellen, die zur Haltung in Feuchtraumterrarien und Paludarien besonders gut geeignet sind. Aussehen und Größe stehen dabei als weitere Auswahlkriterien im Vordergrund.

☺ *Aechmea calyculata*
(griech. kalyx = Blütenkelch)
Diese Art bildet ca. 10–13 Blätter, die in Rosettenform wachsen und so einen Kelch bilden (Name!), der die Pflanze inklusive Blütenstand rund 45 cm hoch werden lässt. Die Blätter besitzen an der Spitze, ähnlich wie *Neoregelia spectabilis*, einen lilafarbenen Fleck und erreichen eine Gesamtlänge von etwa 45 cm.
Der Blütenstand gleicht einer Ähre, wird bis 6 cm lang und besitzt viele Blüten. Die Kelch- und Blütenblätter sind gelb gefärbt.

Aechmea calyculata

Aechmea fulgens

A. calyculata bildet einen 5 mm langen, roten Fruchtknoten.
Die aus Südbrasilien und Nordargentinien stammende Bromelie ist nur für große Terrarien geeignet. Sie sollte auf einem Korkeichenast oder einer Eichenwurzel aufgebunden und bei tropischen Bedingungen (Temperatur 23–30 °C, Luftfeuchtigkeit 70–100 %) kultiviert werden.

☺ *Aechmea fulgens*
(lat. fulgens = glänzend, leuchtend; auf die Blüte bezogen)
A. fulgens wird inklusive Blüte ca. 35 cm hoch. Sie bildet eine große Trichterrosette, deren grüne, am Rand leicht gezähnten Blätter etwa 25–35 cm lang und 7 cm breit sind. An der Blattspitze befindet sich ein Endstachel. Der rote Blütenstand misst rund 20 cm. *A. fulgens* besitzt kleine, rot gezeichnete Ähren, die ca. 6 cm lang sind. Die Blüte besitzt eine zweiteilige Form und ist violett, der Fruchtknoten dagegen rot gefärbt. Diese Art wird wie *A. calyculata* im Terrarium ab 60 cm Höhe kultiviert. Ihr Verbreitungsgebiet ist Brasilien.

☺ *Aechmea orlandiana*
(nach Orlando/Florida)
Diese Art bildet eine trichterförmige Rosette, die einen Durchmesser von 40–50 cm aufweist. Den Blütenstand eingerechnet wird die Bromelie etwa 40 cm hoch. Die grünlichen, mit bräunlichen Bändern durchsetzten Blätter sind 25–30 cm lang und 3 cm breit. Diejenigen im Inneren des Kelches sind an der Spitze rötlich gefärbt. Die Ränder der Blätter sind mit Stacheln besetzt, die bis zu 2 cm lang werden. Der Blütenstand von *A. orlandiana* setzt sich aus 4–7 Ähren zusammen, die bis zu 9 cm lang werden und einen Durchmesser von rund 4 cm aufweisen. Die Ähren sind rot, die etwa 2 mm breiten Blüten dagegen weiß. *A. orlandiana* stammt wie die vorherige Art aus Brasilien. Mit ihrer sehr schönen Blattzeichnung ist diese Pflanze ein prächtiger Anblick in jedem Terrarium. Die Art sollte epiphytisch bei 29–30 °C auf einem Ast mit Moospolster kultiviert werden. Der relativ große Trichter kann in einem Dendrobatiden-Terrarium zur Kaulquappenaufzucht dienen und wird z. B. gerne von *Dendrobates imitator* oder *D. auratus* angenommen. Blütezeit ist Dezember bis Februar.

Aechmea orlandiana

Aechmea penduliflora

☺ *Aechmea penduliflora*
(lat. pendulus = herabhängend, flos = Blüte)
A. penduliflora bildet im Freiland eine Rosette, die einen Durchmesser von 50–60 cm besitzt, und erreicht inklusive Blütenstand bis zu 50 cm Höhe. Im Terrarium wird sie aber nicht zu dieser Größe heranwachsen. Die am Rand mit kleinen Stacheln besetzten Blätter werden bis zu 50 cm lang. Der aus vielen lilafarbenen bis blauen Ähren zusammengesetzte Blütenstand von *A. penduliflora* misst 5–15 cm in der Länge und 5–9 cm in der Breite. Die Heimat dieser Bromelie liegt in Nicaragua, Panama, Costa Rica und Kolumbien. Aufgrund ihrer einmalig schönen Blüte ist *A. penduliflora* ein Schmuckstück in Terrarien ab 1 m Höhe, das epiphytisch bei tropischen Temperaturen von 22–28 °C kultiviert werden sollte.

Aechmea victoriana

☺ *Aechmea victoriana*
(Victoria, Hauptstadt des brasil. Staates Espirito Santo)
A. victoriana ist stammlos und bildet eine bis zu 40 cm große, trichterförmige Rosette. Die bis zu 25 am Rand gezähnten Blätter sind länglich und laufen spitz zu. Ihre Oberseite ist grün, die Unterseite dagegen dunkelrot gefärbt. Bei starker Sonneneinstrahlung nimmt die Bromelie jedoch überwiegend eine rote Färbung an. Ihre Heimat ist Brasilien, wo sie epiphytisch in Nebel- und Regenwäldern wächst. *A. victoriana* sollte im Terrarium samt Moospolster auf einem Ast aufgebunden werden. Sie wächst hervorragend bei tropischen Temperaturen um 25 °C.

Hängender Blütenstand von *Aechmea victoriana*

Billbergia

(Gustav Johannes Billberg, schwedischer Botaniker, 18. Jh.)

Es sind heute rund 65 Arten dieser Gattung bekannt. Billbergien findet man von Mexiko bis Argentinien. Die meisten Arten gedeihen in Brasilien epiphytisch. Nur wenige Vertreter dieser Gattung wachsen terrestrisch. Sie bevorzugen einen halbschattigen Standort bei hoher Luftfeuchtigkeit und Temperaturen von 17–25 °C. Die Blätter sind meistens gezahnt, nur selten glatt.

☺ *Billbergia amoena*

(lat. amoenus = lieblich)

B. amoena ist stammlos und wird 40–45 cm hoch. Sie bildet eine trichterförmige Rosette mit einem Durchmesser von rund 40 cm. Die Blätter sind breit, an der Spitze abgerundet und tragen einen kleinen Endstachel. Sie sind etwa 10–12 cm lang und 7–9 cm breit, beidseitig mit weißen Punkten versehen, und ihre Grundfarbe ist ein Lila-Rot. *B. amoena* bringt selbst ohne Blüte aufgrund ihrer schönen Blattzeichnung Farbe in jedes Terrarium. Der Blütenstand besteht aus 1–2 hängenden Ähren, die 15–25 cm lang und 5–10 cm breit sind. Die Blüten zeigen eine rosa Färbung. Diese Bromelie aus Brasilien wird bei Temperaturen von 24–30 °C und hoher Luftfeuchtigkeit kultiviert.

Billbergia amoena

Cryptanthus

(griech. kryptos = verborgen, anthos = Blüte)

Die aus den Trockenwäldern Brasiliens stammende Gattung *Cryptanthus* umfasst ca. 25 Arten, die im Gegensatz zu anderen Bromelien ziemlich versteckt am Boden wachsen. Der oben erläuterte wissenschaftliche Name deutet darauf hin, dass es eher die schön gezeichneten Blätter sind, die den Betrachter anziehen, als die kleinen, unauffälligen Blüten. Die Vertreter dieser Gattung besitzen spitz zulaufende, gewellte Blätter, die am Rand gezähnt sind. Sie vermehren sich vegetativ durch „Kindel“, die in den Blattachseln entstehen.

Es handelt sich um für die Kultur geradezu ideale Bromelien, die in Paludarien sowohl terrestrisch als Bodendecker als auch epiphytisch kultiviert werden können. Bei Temperaturen von 22–27 °C und einem halbschattigen Platz im Terrarium gedeihen sie gut.

☺ *Cryptanthus acaulis*

(lat. acaulis = *stängellos*)

C. acaulis aus Brasilien besitzt, wie im Namen

Cryptanthus acaulis

bereits anklingt, keinen Stängel und wird blühend bis etwa 18 cm hoch. Es verbreitet sich schnell auf dem Boden. Die Blätter sind bis zu 12 cm lang, 2 cm breit und haben einen braunen Grundton mit violett-braunen Streifen. Sie sind gewellt und am Rand bestachelt. Die unauffälligen, aber duftenden, weißen Blüten werden bis 3 cm lang. Diese Art wirkt besonders gut in Terrarien, die mit Steinen dekoriert sind.

Cryptanthus bivittatus

☺ *Cryptanthus bivittatus*
(lat. bi- = zwei-, vittatus = mit einer Binde geschmückt; bezogen auf die gebänderten Blätter)
C. bivittatus ist eine kleine Bromelie, die aber aufgrund ihrer schönen Blattzeichnung auffällt.
Die Blätter sind ca. 16 cm lang und 2,5 cm breit. Sie sind am Rand gezahnt und leicht gewellt. Die Grundfarbe ist ein Grünton, der durch schwarzbraune Streifen unterbrochen wird. *C. bivittatus* bringt sehr kleine, bis 2,5 cm messende, weiße Blüten hervor. Sein Verbreitungsgebiet ist Ostbrasilien.

☺ *Cryptanthus zonatus*
(lat. zona = Zone; bezogen auf die gebänderten Blätter)
Das aus Brasilien stammende *C. zonatus* gehört zu einer der schönsten Naturformen der Gattung *Cryptanthus*.
Diese Bromelie bildet eine Rosette mit einem Durchmesser von rund 40 cm. Die leicht gezähnten Blätter sind etwa 18 cm lang, 4 cm breit und besitzen eine grüne Grundfärbung, die mit graubraunen Querstreifen durchsetzt ist. Die Blüten bilden sich in der Rosette nistend und sind nicht sehr zahlreich. Die Blütenblätter sind weiß und werden bis zu etwa 2,5 cm groß. Auch die ca. 5 mm langen Fruchtknoten sind weiß gefärbt

Cryptanthus zonatus

Guzmania
(A. Guzman, spanischer Apotheker)

Zurzeit sind rund 180 Arten bekannt, die epiphytisch, aber auch terrestrisch in den Regenwäldern Südamerikas wachsen. Diese Gattung ist besonders durch die schönen Blattzeichnungen ihrer Vertreter beliebt geworden und wird von vielen Bromelienfreunden gepflegt. Die in diesem Buch beschriebenen, klein bleibenden Arten sind besonders zur Pflege in Feuchtraumterrarien und Paludarien geeignet. Diese Gattung lässt sich leicht von Bromelien aus der Gattung *Aechmea* unterscheiden, da diese immer bestachelte Blätter besitzen, während *Guzmania* keine Stacheln aufweist. Guzmanien können im Terrarium an Seiten- und Rückwänden befestigt werden. Auf einer Wurzel mit Moospolster lassen sie sich ebenfalls aufbinden. Bei Temperaturen bis 26 °C wachsen sie sehr gut.

☺ *Guzmania angustifolia*
(lat. angustus = schmal, folium = Blatt)

G. angustifolia bildet ein kleines Stämmchen, das oft sehr kurz ist, aber auch bis ca. 15 cm lang werden kann. Die Blätter wachsen dicht aneinander und bilden eine Rosette. Sie weisen einen hellgrünen Grundton auf und sind mit bräunlich roten, schmalen Längsstreifen versehen. Diese Streifen können jedoch an der Oberseite durch intensive Sonneneinstrahlung oder reichliche Belichtung im Terrarium einen roten Farbton annehmen. Die Länge der Blätter beträgt ca. 9–13, ihre Breite 2 cm. Der bis etwa 6 cm lange und 3,5 cm breite Blütenstand ist ährenförmig sowie leuchtend rot gefärbt. Gelb dagegen sind die röhrenförmigen, bis 6 cm langen Blüten, die sich deutlich von der Ähre abheben.
Blütezeit ist August.
G. angustifolia ist für kleine Terrarien ab 50 cm Höhe geeignet.

Guzmania angustifolia

Guzmania lingulata

Guzmania strobilantha

☺ *Guzmania lingulata*
(lat. lingua = Zunge; bezogen auf die zungenförmigen Blütenblätter)
Diese Art ist stammlos und wird inklusive Blütenstand bis zu 35 cm hoch. Sie bildet eine Rosette, die einen Durchmesser von rund 40 cm aufweist. Die hellgrünen Rosettenblätter erreichen eine Länge von 20–25 cm und sind am Ende zugespitzt. Der kräftige Blütenstand ist rot gefärbt und bildet einen Kelch für die ca. 5 cm langen, gelblich weißen Blüten. *G. lingulata* sollte wie am Naturstandort in Kolumbien, Guyana und Brasilien epiphytisch in Terrarien ab 80 cm Höhe kultiviert werden. Eine sehr schöne und pflegeleichte Art, die gerne von Bromelien bewohnenden Fröschen zur Kaulquappenaufzucht angenommen wird. Sie blüht in den Sommermonaten.

☺ *Guzmania monostachya*
(griech. monos = einzig, stachys = Ähre, also „einährig“)
G. monostachya ist stammlos. Die Blätter laufen spitz zu, sind bis ca. 30 cm lang und je nach Standort an sonnigen oder schattigen Plätzen hell- oder dunkelgrün. Der Blütenstand wird ca. 30 cm lang und 3 cm breit. Die Blätter, in denen die Blüten stehen, sind spitz geformt und werden ca. 2,5 cm lang. Sie sind braun-grün gestreift. *G. monostachya* bildet weiße Blüten, die etwa 2 cm lang werden. Der obere Teil des Blütenstandes ist leuchtend rot gefärbt. Die Heimat dieser Bromelie sind die Regenwälder Mittelamerikas und Brasiliens.
Ihre Blütezeit fällt in die Sommermonate. *G. monostachya* ist für Paludarien ab 1 m Höhe geeignet.

☺ *Guzmania sanguinea*
(lat. sanguineus = blutrot; bezogen auf die Farbe der Blätter während der Blütezeit)
G. sanguinea ist stammlos und wird bis 25 cm hoch. Sie bildet eine breite Rosette. Die Blätter sind 20–25 cm lang und 4–5 cm breit, am Ende spitz zulaufend oder abgerundet.
Die inneren Rosettenblätter färben sich zur Blütezeit rot (Name!). Die Blätter, in denen die Blüten stehen, sind ca. 2–2,5 cm lang und 1,5 cm breit. *G. sanguinea* produziert gelbe Blüten, die etwa 5 cm lang sind.
Die Heimat dieser Art sind Costa Rica und Ecuador, wo sie epiphytisch in Höhenlagen bis 900 m ü. NN wächst. *G. sanguinea* ist für größere Terrarien geeignet und blüht bei uns

Guzmania monostachya

in der Zeit von Juni bis August.

☺ *Guzmania strobilantha*
(griech. strobilos = Wirbel, Kreisel, anthos = Blüte; bezogen auf die zapfenförmigen Blütenstände)
G. strobilantha ist wie fast alle Vertreter ihrer Gattung stammlos und wird mit Blütenstand bis 55 cm hoch. Die grünen, zugespitzten Blätter erreichen 30–35 cm Länge. Der Blüten tragende Abschnitt des Blütenstandes wird ca. 4 cm lang und besitzt elliptische Form. Die rund 2 cm langen, zugespitzten Blätter, in denen die Blüten stehen, sind rot gefärbt und leicht dunkel gestreift. Die Blüten sind gelblich weiß.
Man kann diese Art an ihrem natürlichen Standort in Peru in Höhenlagen von 500–900 m ü. NN epiphytisch wachsend finden.
Sie ist in großen Terrarien zu kultivieren und blüht in den Sommermonaten.

Neoregelia
(Ursprünglich nach dem deutschem Botaniker Regel; von L. B. Smith neu benannt)

Diese Gattung umfasst ca. 40 Arten, die aus den Regenwäldern Ostbrasiliens und vereinzelt aus Ostkolumbien und Peru stammen. Sie leben meist epiphytisch, nur selten terrestrisch. Die Blätter sind zu breiten Trichtern oder engen, rosettenförmigen Röhren angeordnet. Die Blüten bilden sich nistend in der Rosettenmitte der Bromelie. Bei der Kultur dieser Bromelien ist darauf zu achten, das die Trichter immer mit Wasser gefüllt sind. Diese Gattung besitzt viele sehr schöne klein bleibende Vertreter, die sich auch in weniger geräumigen Terrarien einfach kultivieren lassen.

☺ *Neoregelia ampullacea*
(lat. ampulla = kleine Flasche, Ampulle, bezogen auf den ampullenförmigen Trichter)

Neoregelia ampullacea

Neoregelia chlorosticta

N. ampullacea wächst stammlos aus langen Ausläufern. Sie bildet einen 10–15 cm langen und 2–3 cm breiten, ampullenförmigen Trichter. Die Blätter sind oben abgerundet, am Rande gezähnt und in einer Mischung aus Grün, Rötlich und Braun gefleckt.
Die bis 2 cm langen, blauen Blüten mit weißer Spitze sind tief in die Rosette eingesenkt und deshalb schwer sichtbar.
N. ampullacea ist eine sehr attraktive, für kleine ebenso wie für große Terrarien bestens geeignete Bromelie.
Sie kann mit Moosunterlage auf eineWurzel aufgebunden werden und blüht in den Sommermonaten.

☺ *Neoregelia chlorosticta*
(griech. chloros = grünlich gelb, stixein = punktieren; bezogen auf die gefleckten Blätter)
N. chlorosticta ist stammlos und bildet eine Trichterrosette. Die nicht sehr zahlreichen, bis zu 20 cm langen und 3 cm breiten Blätter sind mit kleinen Stacheln besetzt und laufen spitz zu. Die Art ist an den roten Blattspitzen und den gelben Flecken auf ihren grünen Blättern leicht zu erkennen. Sie bildet etwa 2 cm große weiße Blüten, die in die Rosette eingesenkt sind. *N. chlorosticta* ist in Brasilien zuhause und eignet sich sehr gut zur Pflege in Feuchtraumterrarien und größeren Paludarien. Sie kann sowohl epiphytisch wie auch terrestrisch auf nicht zu feuchtem Untergrund kultiviert werden und blüht mehrmals im Jahr.

☺ *Neoregelia concentrica*
(lat. concentricus = konzentrisch)
Diese Art ist an einer relativ flachen und breiten Trichterrosette zu erkennen. Die ovalen Blätter sind bis zu 15 cm lang und 10 cm breit. Sie zeigen eine grünlich braune Färbung, die zur Rosette hin nach rötlich braun tendiert. Die Blattränder von *N. concentrica* sind mit schwarzen Stacheln versehen. Die weißen Blüten sitzen an einem 2 cm langen Stiel.
N. concentrica gehört zu den größten Vertretern dieser Gattung und ist daher auch nur für geräumige Paludarien geeignet. Eine epi-

Neoregelia concentrica

phytische Kultur im Terrarium oder Paludarium ist angebracht. Die Art blüht in den Monaten Januar, Februar und März.

☺ *Neoregelia cyanea*
(griech. kyaneos = schwarzblau, kornblumenblau; bezogen auf die Blüte)
N. cyanea ist ebenfalls stammlos und mit Ausläufern versehen. Die Bromelie entwickelt bis zu 15 länglich-ovale Blätter, die 25 cm lang und 2 cm breit werden können und eine Rosette bilden. Die Heimat dieser Art liegt in den Regenwäldern Südbrasiliens. Die Kelchblätter sind rötlich braun bis schwarz gefärbt und bilden einen dunklen Trichter. Sie sind an der Blattspitze mit einem kleinen Endstachel versehen. Im Mai bilden sich im Trichter 2–3 blau-violette, kleine Blüten. Die Art ist epiphytisch zu kultivieren und blüht im Herbst.

Neoregelia cyanea

☺ *Neoregelia lilliputiana*
(Der wissenschaftliche Name spielt darauf an, dass *N. lilliputiana* die kleinste Art der Gattung ist.)
Diese Art ähnelt ein wenig *N. ampullacea* und wird aufgrund der ähnlichen Form und der Blätter oftmals mit dieser verwechselt. *N. lilliputiana* blüht wie *N. ampullacea* nistend, d. h. die rötlich weiße Blüte ist tief im Trichter eingesenkt. Sie pflanzt sich vegetativ durch „Kindelbildung“ fort, was eine unproblematische Vermehrung erlaubt. Diese Bromelie wächst epiphytisch und kann an Rück- oder Seitenwand des Terrariums mit einem Stück Korkeichenrinde aufgebunden werden. Becken ab 50 cm Höhe sind geeignet. Die Temperaturen am Naturstandort dieser Art in Brasilien betragen ca. 24–28 °C und sollten auf das Terrarium – bei hoher Luftfeuchtigkeit von 70–90 % – übertragen werden. *N. lilliputiana* ist aufgrund ihrer kleinen und zierlichen Erscheinung ein Schmuckstück in jedem Terrarium. Ihre Blütezeit liegt in den Sommermonaten.

Neoregelia lilliputiana

☺ *Neoregelia marmorata*
(lat. marmor = Marmor; Anspielung auf die marmorierten Blätter)
Diese Bromelie wird bis zu 30 cm hoch und bildet eine Rosette, die einen Durchmesser von bis zu 40 cm aufweist. Die ovalen Blätter sind bis zu 45 cm lang und 8 cm breit. Sie sind rotbraun gefleckt und besitzen am Rand kleine Stacheln sowie an der Blattspitze einen Endstachel. Die weiße, an einem 3 mm langen Stiel sitzende Blüte ist 2,5 cm lang.
N. marmorata ist wegen ihrer herrlich ge-

Neoregelia marmorata

zeichneten Blätter ein Augenschmaus in jedem Terrarium und darf auf keinen Fall fehlen. Sie wächst in weiten Teilen des Amazonasgebiets von Brasilien bis Peru und sollte epiphytisch kultiviert werden. Die Blüten erscheinen im Frühling.

☺ *Neoregelia olens* [lat. olere = (übel) riechen]
N. olens besitzt eine trichterförmig lang gezogene Rosette mit roten Blättern im Inneren des Trichters. Die Blätter werden bis 25 cm lang und 2,5 cm breit. Sie sind dunkelgrün gefärbt und am Rand leicht bestachelt. Der Blütenstand mit vereinzelten Blüten bleibt in der Mitte der Rosette versenkt. Die violetten Blüten sind recht klein, nur etwa 3 cm lang. Die Art stammt aus Brasilien und sollte terrestrisch oder epiphytisch kultiviert werden. Sie blüht in den Sommermonaten.

☺ „*Neoregelia schultesiana*"
(E. Schultes, US-Amerik. Botaniker)
Diese Pflanze wird unter dem Namen „*N. schultesiana*" geführt, der aber kein offizieller Artname ist. Vielmehr handelt es sich um eine Hybridform, die auch oft unter „*Neoregelia fireball*" zum Verkauf angeboten wird.

Neoregelia olens

„Neoregelia schultesiana"

„*N. schultesiana*" wird bis zu 15 cm hoch und bildet je nach Kultur eine meist rötlich gefärbte Rosette von 25 cm Durchmesser. Die Blätter sind 15–20 cm lang, 2–4 cm breit und besitzen am Rand 1 mm lange Stacheln. Diese Bromelie bildet viele „Kindel" und vergrößert sich auf diese Weise sehr schnell. Die kleinen, lilafarbenen Blüten sind tief in die Rosette eingesenkt. „*N. schultesiana*" ist eine Bromelie, die man sehr häufig in Terrarien zu Gesicht bekommt, da sie durch ihre Vielzahl an Ablegern gute Versteckmöglichkeiten für die Terrarienbewohner bietet.

☺ *Neoregelia spectabilis*
(lat. spectabilis = ansehnlich, prächtig)
N. spectabilis aus Brasilien ist stammlos und bildet eine große Rosette von ca. 50–65 cm. Die Blätter sind rund 55 cm lang und 5–7 cm breit. Ihre Farbe ist dunkelgrün, jedoch sind die Spitzen rosa bis dunkelrot gefärbt. Die Unterseite der leicht gezähnten Blätter ist braun mit weißen Streifen. Ihre Spitzen besitzen einen Endstachel. Der dunkelrote Blütenstand bildet sich in der Rosettenmitte nistend und zeigt einen Durchmesser von 4–5 cm. Die Blütenblätter sind blau gefärbt. Die Blütezeit von *N. spectabilis* liegt im August. Die Art wächst epiphytisch und ist für Terrarien ab 1 m Höhe geeignet.

Neoregelia spectabilis

Nidularium

(lat. nidulus = Nestchen; Anspielung auf die in der Rosettenmitte nistenden Blütenstände)

Zurzeit sind ca. 20 epiphytisch wachsende Arten dieser Gattung bekannt, die aus den Regenwäldern Brasiliens stammt. Vertreter der Gattung *Nidularium* werden oft mit Arten der Gattung *Neoregelia* verwechselt, da sie viele Ähnlichkeiten im Aussehen teilen, so z. B. den Blütenstand, der sich innerhalb der Rosette befindet. Beide lassen sich aber beispielsweise dadurch unterscheiden, dass die Gattung *Neoregelia* aus Trockengebieten Brasiliens stammt und ihre Vertreter daher härtere Blätter als *Nidularium*-Arten besitzen. Nidularien werden bei Temperaturen von 20–25 °C gepflegt. Ein- bis zweimal pro Tag sollten diese Bromelien mit Regenwasser überbraust und einmal pro Woche der Bromelientrichter auf seinen Wasserstand überprüft werden. Die hier beschriebenen Arten können auf Wurzeln, Rebholz usw. mit Moosunterlage aufgebunden werden.

☺ *Nidularium innocentii*

(zu Ehren von M. Saint Innozensius, Frankreich)

Das in den Regenwäldern Brasiliens beheimatete *N. innocentii* ist stammlos und bildet eine Trichterrosette mit einem Durchmesser von 40–45 cm. Die ovalen Blätter sind breit und an der Spitze mit einem Endstachel versehen. Ihre Ränder sind leicht gezähnt. Die Grundfarbe ist ein Grün-Lila, das sich in zwei Streifen auf dem Bromelienblatt aufteilt. Die Blüten entstehen nistend in der Trichterrosette und werden bis ca. 5 cm lang. Sie sind weiß, an der Spitze jedoch grün gefärbt. *N. innocentii* kann in geräumigen Feuchtraumterrarien oder Paludarien sowohl terrestrisch als auch epiphytisch kultiviert werden. Da es relativ groß gewachsen ist, dient es als gute Versteckmöglichkeit z. B. für Amphibien.

Nidularium innocentii

☺ *Nidularium purpureum*

[lat. (griech. Fremdwort) purpureus = purpurn; bezogen auf die Farbe der Blätter]

N. purpureum wächst stammlos und bildet eine Rosette mit einem Durchmesser von ca. 60 cm. Die breiten, zugespitzten Blätter werden 35–40 cm lang und bis etwa 12 cm breit. Die Oberseite zeigt einen grünen Grundton. Die untere Seite der Blätter ist rötlich braun gefärbt. Die Blätter sind am Rand gezähnt und mit einem Endstachel versehen. Der Blütenstand entsteht wie bei fast allen Nidularien nistend und besteht aus vielen Ähren, die eng zusammen wachsen. Die roten oder weißen Blüten sind ca. 4,5 cm lang. Die Art gedeiht in ihrer Heimat Brasilien epiphytisch und sollte deshalb in

Nidularium purpureum

Nidularium scheremetiewii

geräumigen Terrarien mit Moospolstern auf einen Ast aufgebunden werden.

☺ *Nidularium scheremetiewii*
(nach dem Sammler Scheremetiew benannt)
Das ebenfalls aus Brasilien stammende *N. scheremetiewii* ist kleiner als *N. purpureum*. Es wächst ebenfalls stammlos und bildet einen Trichter von 40–50 cm Durchmesser. Die Blätter werden ca. 25–30 cm lang und 5–6 cm breit. Sie sind oval geformt und tragen an ihrem Ende eine lange Spitze. Die äußeren Blätter des Trichters sind blass grün, die Blätter in der Mitte der Rosette dagegen oft rot gefärbt. Die Blüten sind bis 4,5 cm lang und mit einem kleinen Stiel versehen. Die Blütenblätter sind blau gefärbt.

Tillandsia
(Tillands, schwedischer Botaniker, 16. Jh.)

Tillandsia ist mit ca. 550 Arten die größte Gattung innerhalb der Bromelien. Ihr Verbreitungsgebiet erstreckt sich von Nord- bis Südamerika, wo sie sowohl in subtropischen und tropischen Nebelwäldern als auch in Trockengebieten und feuchten Regenwäldern vorkommt.
Die Blätter einer Tillandsie sind niemals bestachelt oder gezähnt. Man kann die Vertreter dieser Gattung leicht an der oft silbergrauen Farbe ihrer Blätter erkennen. Häufig sind die Bäume entlang der Straßen mit Tillandsien förmlich übersät, und es kommt nicht selten vor, dass man an einem einzigen Baum einige hundert Tillandsien derselben Art entdeckt.

Tillandsia crispa

Tillandsia cyanea

Tillandsien sollten im Terrarium ausschließlich epiphytisch kultiviert werden, da sie sehr anfällig auf Staunässe reagieren und bei zu nassen Bedingungen innerhalb weniger Tage verfaulen. Temperaturen von 20–30 °C sind im Terrarium angemessen. Eine gute Luftzirkulation ist ratsam und mit Hilfe eines kleinen Axiallüfters, der auf der Drahtgaze des Terrariums problemlos platziert werden kann, einfach zu realisieren. Ein- bis zweimal pro Tag sollten die Tillandsien mit Regenwasser besprüht werden.

☺ *Tillandsia crispa* (neuerdings auch *T. racinaea* var. *tustii*)
(lat. crispus = gewellt; bezogen auf die Blätter)
T. crispa ist eine sehr schöne, klein bleibende Art, die eine Gesamthöhe von 15 cm kaum überschreitet. Sie ist an ihren dünnen, rotbraunen und gewellten Blättern zu erkennen. Aus der Mitte der Bromelie heraus bildet sich der ca. 7 cm lange, gelbe Blütenstand, der Ährenform besitzt.
T. crispa ist in Terrarien ab 50 cm Höhe zu pflegen, denn sie benötigt einen guten Luftaustausch und einen nicht zu feuchten Untergrund. Wir empfehlen, sie mit Moosunterlage auf einem Ast epiphytisch zu kultivieren. An ihren Naturstandorten in Panama und Kolumbien ist sie im Tieflandregenwald in Höhenlagen von 300–700 m ü. NN zu finden. Sie blüht in den Monaten Dezember bis Februar.

☺ *Tillandsia cyanea*
(griech. kyaneos = schwarzblau, kornblumenblau; bezogen auf die Blüte)
T. cyanea ist stammlos und wird inklusive Blütenstand 20–30 cm hoch. Sie besitzt zahlreiche Blätter, die eine dichte Rosette von rund 35 cm Durchmesser bilden. Die Blätter selbst sind 30– 40 cm lang, 1–2 cm breit und laufen spitz zu. Ihre Farbe ist dunkelgrün. Der ährenförmige Blütenstand misst etwa 9–13 cm. Die großen, dunkelblauen Blüten sind in den Sommer- und Herbstmonaten zu bewundern. Verbreitungsgebiet ist Ecuador. *T. cyanea* blüht von November bis Januar.

Vriesea

(W. H. de Vries, niederländischer Professor der Botanik, 19. Jh.)

Bis 1934 waren 100 Arten dieser Gattung bekannt. 1981 schätzte man sie bereits auf 200 Arten. Vriesien wachsen wie fast alle Bromelien epiphytisch. Man kann sie allerdings auch auf Felsen finden. Ihre Heimat liegt in Mexiko, Mittelamerika, Südamerika und Brasilien, wo man die meisten Arten findet. Wie die meisten Bromelienarten wird auch *Vriesea* über den Trichter gegossen oder besprüht. Da einige Arten bis in 3500 m ü. NN vorkommen, können sie auch bei 18–20 °C ohne Probleme kultiviert werden. Dabei sind die Höhenangaben der jeweiligen Spezies zu beachten. Arten mit einer vertikalen Verbreitung bis 1000 m ü. NN lassen sich bei tropischen Temperaturen von 23–28 °C pflegen.

☺ *Vriesea bicolor*
(lat. bi- = zwei-, color = Farbe)
V. bicolor ist stammlos und bildet eine trichterförmige Rosette. Die Blütenrispe ist 28–40 cm lang und zeigt eine aufrechte bis gebogene Stellung. Die epiphytische Bromelie blüht von Dezember bis Mai. *V. bicolor* wird ca. 55–60 cm hoch; die Blätter sind etwa 23–60 cm lang und 3,5–10 cm breit. Diese Art kommt nur in den Regenwäldern Costa Ricas in dem Gebiet Cordillera de Talamanca (Gebirgskette südöstlich von San Jose) in Höhen von 1400–2200 m ü. NN vor.

Vriesea bicolor

Vriesea fenestralis

☺ *Vriesea fenestralis*
[lat. fenestra = Fenster (mit Gittern); bezogen auf die Musterung der Blätter]
Aus Brasilien stammt *V. fenestralis*, die eine große Trichterrosette bildet und bis zu 90 cm hoch wird. Die gelblich grünen, mit gitterartiger Zeichnung versehenen Blätter (Name!) werden rund 35 cm lang und 7 cm breit. Die äußeren Blätter der Rosette zeigen einen dunkleren Grünton. Der Blütenstand wird bis zu 45 cm lang. Er umfasst etwa 25 gelblich grüne Blüten, die 3,5 cm messen. Im Terrarium kann *V. fenestralis* auf dem Boden kultiviert werden. Es muss allerdings beachtet werden, dass *V. fenestralis* keine Staunässe verträgt. Sie ist für Terrarien ab 1 m Höhe geeignet.
Da sich im großen Trichter von *V. fenestralis* viel Wasser sammeln kann, eignet sich diese Bromelie besonders gut für ein Terrarium, in dem Pfeilgiftfrösche gehalten werden. Viele Arten transportieren nämlich ihre Kaulquappen auf dem Rücken zu einem wassergefüllten Bromelientrichter, wo sich die weitere Entwicklung vollzieht.

☺ *Vriesea incurvata*
(lat. incurvare = nach innen biegen; bezogen auf die Blätter)
V. incurvata ist stammlos und wird inklusive Blütenstand rund 35 cm hoch. Sie bildet eine Rosette mit einem Durchmesser von ca. 50 cm. Die hellgrünen Blätter werden etwa 4 cm breit und 25 cm lang. Der Blütenstand ist schwertförmig und erreicht bis zu 20 cm Länge. Die Tragblätter (Blätter, in denen die Blüten stehen) sind rot bis orange gefärbt. Der gesamte Blütenstand zeigt die Form einer Lanzenspitze. Die gelben Blüten sind ca. 4 cm lang. *V. incurvata* stammt aus den

Regenwäldern Brasiliens und wächst epiphytisch. Sie ist für Terrarien ab 80 cm Höhe geeignet und aufgrund ihrer schönen Blüte sehr dekorativ.

☺ *Vriesea splendens*
[lat. splendens = glänzend, leuchtend; bezogen auf die Infloreszens (Blütenstand)]
V. splendens gehört zu den bekanntesten Bromelien überhaupt und erfreut sich aufgrund ihrer prächtigen Blattzeichnung (Name!) großer Beliebtheit. Im Handel tauchen auch diverse Hybriden auf, wie z. B. *Vriesea splendens* „Fire" oder „Flammendes Schwert". Als Naturform wird diese in Brasilien heimische Art dagegen nur selten angeboten. *V. splendens* ist stammlos, wird bis 50 cm hoch und bildet eine trichterförmige Rosette mit einem Durchmesser von ca. 35–40 cm. Die Blätter der Rosette haben eine Länge von 25–40 cm. Sie zeigen eine grüne Grundfarbe und sind auf beiden Seiten braun-violett gebändert.
Der Blütenstand wird bis zu 30 cm hoch.

Vriesea splendens

Farne

Seit Millionen von Jahren besiedeln Farne unsere Erde – in Größen von wenigen Zentimetern messenden Zwergformen bis hin zu Exemplaren von 15 m Höhe und Wedeln von 4 m Länge. Die verschiedenen Arten sind an unterschiedlichste klimatische Bedingungen angepasst und wachsen in praller Sonne, auf steinigem Untergrund, im Wasser, an extrem feuchten Stellen, epiphytisch im unteren Bereich riesiger Urwaldbäume oder im tiefsten Schatten. Die größte Artenvielfalt erreichen die Farne in den Tropen und Subtropen, vor allem in den unteren und oberen Bergwäldern und den extrem feuchten Nebelwäldern. Die Abteilung bzw. Unterabteilung oder Klasse (je nach Auffassung) der Farne teilt sich in ca. 240 Gattungen mit ungefähr 12.000 Arten, unter denen man auch Gattungen wie *Selaginella* antrifft, deren Vertreter ein moosähnliches Aussehen haben. Allen gemeinsam ist, dass sie keine Blüten hervorbringen, um sich vermehren zu können, sondern sich durch Sporen fortpflanzen, die fast immer an der Unterseite der Wedel in so genannten Sporangien vorhanden sind, die häufig in kleinen Gruppen (Sori) zusammenstehen.

Ein Farnwedel muss keineswegs immer das – von den bekannten Arten her geläufige – gefiederte Äußere besitzen, sondern kann durchaus runde, ovale, oder sogar herzförmige Gestalt aufweisen, sodass ein Vertreter der Farne angesichts dieser enormen Vielfalt an Formen gar nicht immer auf Anhieb als solcher erkannt wird.

Die kleine Auswahl von Farnen in diesem Buch befasst sich mit einigen Bodenbewohnern, jedoch überwiegend mit epiphytisch wachsenden Formen, die dauernd hohe Luftfeuchtigkeit und Wärme für ihr Wachstum und Gedeihen benötigen.

Mit Farnen bewachsener Baumriese

Drei Monate alte Farnkeimlinge

Gerade die Epiphyten unter den Farnen sind besonders gut in kleinen Terrarien mit einer weniger hohen Lichtausbeute zu kultivieren und daher für den Anfänger zu empfehlen.
Die Wuchsform der epiphytischen Arten wird fast immer durch mehr oder weniger dicke (oft nur Millimeter messende), behaarte Rhizome geprägt, die gleichzeitig mehrere Aufgaben erfüllen: Sie speichern die in geringen Mengen aufgenommenen Nährstoffe, ermöglichen mittels feinster Ausläufer einen Halt auf der Wirtspflanze und bilden in unterschiedlichen Abständen Farnwedel aus, die je nach Art stark in Form und Größe variieren können.
Eine ganze Reihe von Arten bildet zwei unterschiedliche Wedelformen aus, nämlich sterile und fertile (Sporen tragende) Wedel.
In den Tropen sind Farne häufig prägend für bestimmte Vegetationsstufen, sowohl die Bodenbewohner als auch die Epiphyten. Sehr alte Urwaldriesen sind in ihrem unteren Drittel mit Moosen und Farnen oft so dicht besiedelt, dass die Borke nur schwer zu erkennen ist. Selbst noch in 20 m Höhe siedeln sich gerne epiphytische Farne an, wenn ausreichend Schatten und häufige Benetzung durch Nebel und Regen ihr Überleben ermöglichen. Während kurzer trockener Zeitabschnitte rollen sich die Wedel zusammen, um sich dann bei genügendem Wasserangebot schnell wieder zu entfalten.

Pflegetipps für Farne im Tropenterrarium

Das Bepflanzen eines Terrariums mit Farnen empfehlen wir besonders denjenigen, die bislang erst wenig oder überhaupt keine Erfahrungen mit Pflanzen im Tropenterrarium sammeln konnten. So sind Farne auch erste Wahl für alle Pflanzenfreunde, die zum ersten Mal ein Terrarium begrünen möchten.
Der Grund für diese Empfehlung liegt in der Tatsache, dass Farne recht „unempfindliche“ Pflanzen sind, die manchen Kulturfehler nicht gleich mit dem Absterben bestrafen – es sei denn, man behandelte sie geradezu wie Wasserpflanzen oder ließe die „Regenzeit“ das ganze Jahr hindurch ohne Unterbrechung andauern. Obwohl die Farne zusammen mit den Moosen zu denjenigen höheren Landpflanzen zählen, die den höchsten Grad an Feuchtigkeit vertragen oder sogar benötigen, darf nicht zu viel des Guten über sie herniederprasseln.

Bodenfarne im Tropenterrarium integriert

Wir beginnen mit den Bodenfarnen, die in den Tropen stets an feuchten Stellen wie z. B. Flussufern zu finden sind. Wer schon einmal die Tropen bereist und vielleicht etwas genauer auf die Bodenverhältnisse geachtet hat, dem ist aufgefallen, dass der Boden zwar feucht, jedoch bereits einige Stunden nach einem Regenschauer nicht mehr tropfnass ist. Die Dränage der Böden ist so gut, dass das Wasser sehr schnell versickern und von den Pflanzen im Wurzelbereich aufgenommen werden kann.
Der Bodengrund des Terrariums sollte in Anbetracht dieser Verhältnisse ebenfalls so gestaltet werden, dass nach dem Sprühen überschüssiges Wasser sofort abfließt. Wir verwenden Tonkugeln, Seramis® oder Bimskies für die unterste Lage und dekorieren dann z. B. mit Moos oder Wurzeln. Wenn ein Abfluss vorhanden ist, kann in die mehr oder weniger dicke Bodenschicht ein Farn direkt eingepflanzt werden, ohne dass die Pflanze im Wasser steht. Das Substrat speichert die Feuchtigkeit in ausreichendem Maße und garantiert optimales Wachstum. Da Farne häufig in normaler Blumenerde angeboten werden, ist diese durch Abspülen zu entfernen, bevor man die Pflanzen direkt in das Substrat pflanzt.
Es ist auch möglich, Farne in einem Tontopf zu belassen, der z. B. mit Seramis® gefüllt ist.

Farne an relativ trockenem, sonnigem Standort in Costa Rica

Auf diese Weise lässt sich die Pflanze beispielsweise leicht in einem nach hinten ansteigenden Bodengrund integrieren. Den Topf kaschiert man mit Wurzeln und Moos. Zusätzliches Gießen ist bei einem solchen Bodengrund nicht oder nur selten erforderlich, da er lange das Wasser speichert und kaum austrocknen dürfte – besonders, wenn z. B. eine Nebelanlage integriert ist. Das Abdecken des Bodens mit Korkeichenplatten oder Baumfarnbrettern ist ebenfalls möglich und besonders für Bodenbewohner geeignet. Geringe Mengen von Weißtorf (grobe Stücke) können im Terrarium verteilt werden, um den pH-Wert im leicht sauren Bereich (5–6) zu halten.
Epiphytische Farne sind an ein zeitweiliges Austrocknen angepasst und dürfen auf keinen Fall dauernd nass kultiviert werden. Ein gelegentliches Abtrocknen bekommt ihnen sehr gut und fördert das Wachstum. Voraussetzung dafür ist natürlich eine ausreichend hohe Luftfeuchtigkeit (70–80 %), die für das Überleben notwendig ist. Die meisten epiphytischen Farne besitzen ein mehr oder weniger dickes, behaartes Rhizom, das immer direkt auf kahler Rinde seinen Halt sucht.
Es genügt, den epiphytischen Farn mit etwas Moos an der Rück- oder Seitenwand mit rostfreien Drahtklammern zu befestigen und dem Rhizom freien Lauf zu lassen. Wenn das Mikroklima im Terrarium stimmt, ist das Rhizom nach 4–6 Wochen mit dem Untergrund verwachsen, und die ersten neuen Wedel wenden sich zum Licht.
Wer in Erwägung zieht, überwiegend Bodenfarne zu kultivieren, sollte eher ein breites und dafür weniger hohes Terrarium wählen, um den Pflanzen genügend Licht zu Verfügung stellen zu können. Pflanzt man sie dennoch in einem hohen Terrarium ein, so muss dieses selbst für die anpruchslosen Bodenfarne noch genügend Licht bieten.
Die Epiphyten sollten im mittleren Bereich eines Terrariums platziert werden, damit sie die Lichtmenge erhalten, die sie optimal wachsen lässt.

Artenteil

Asplenium

(griech. splen = Milz; Farne dieser Verwandtschaftsgruppe wurden nämlich als Mittel gegen Milzsucht angewendet.)

Der größte Teil der über 600 Arten zählenden Milzfarne stammt aus den Tropen und Subtropen. Die wohl bekanntesten Vertreter der Gattung sind *A. nidus* und *A. trichomanes*. Milzfarne wachsen je nach Art terrestrisch oder epiphytisch und erreichen Größen von wenigen Zentimetern bis zu etwa 1 m Wedellänge; im Durchschnitt werden sie etwa 40–60 cm hoch. *Asplenium*-Arten sind in mittelgroßen Terrarien leicht zu kultivieren. Die Wedelformen unterscheiden sich und variieren je nach Art von fein gefiedert bis zur einfachen Blattform.
Milzfarne mögen einen leicht sauren (pH 5–6,5), dränierten Bodengrund mit einem Zusatz von Weißtorfstücken. Sie benötigen hohe Luftfeuchtigkeit und gute Luftzirkulation (Lüfter einbauen!), um sich prächtig entwickeln zu können.

☺ *Asplenium alternans*
(alternare = abwechseln; bezogen auf die Anordnung der Wedel)
Dieser Bodenfarn mit dekorativen Wedeln von ca. 20 cm Länge stammt aus Mexiko und Nordamerika. Er lässt sich sehr gut in steinigem Untergrund kultivieren, z. B. in der Nähe eines künstlichen Wasserfalls mit Bachlauf, der seitlich mit grobem und feinem Kies kaschiert ist. Der Farn kann direkt im (gut dränierten!) Uferbereich gepflanzt und muss dann nicht zusätzlich mit Wasser versorgt werden, wenn der Boden ständig eine mäßige Feuchte aufweist. Temperaturen von 20–25 °C bekommen ihm hervorragend.

Asplenium trichomanes

☺ *Asplenium trichomanes*
(griech. trichoma = Haarwuchs)
Dieser Kosmopolit produziert fein gefiederte Wedel von 10–30 cm Länge. Sein bevorzugter Standort sind feuchte, schattige Mauern vor allem in Südeuropa. Er ist sehr temperaturtolerant, benötigt steinigen Untergrund und lässt sich bei Temperaturen von 20–26 °C kultivieren. Diese Art wird häufig in gut sortierten Gartenbaubetrieben angeboten.

☺ *Asplenium viviparum* (von einigen Taxonomen als Synonym von *A. daucifolium* betrachtet)
(lat. vivus = lebend, parere = gebären)
Der Artname dieses Farns bezieht sich auf die zahlreichen Ableger, die sich an ausgewachsenen Wedeln massenhaft bilden. Der aus Madagaskar stammende Bodenfarn wird ca. 50 cm hoch und kann bei Temperaturen von 22–26 °C kultiviert werden. Er ist sehr attraktiv und passt in den mittleren bis hinteren Bereich eines Terrariums.
Wenn die Ableger am Farnwedel ca. 2 cm groß sind, können sie abgetrennt werden – die Pflanze lässt sich also leicht vegetativ vermehren.

Asplenium viviparum

***Blechnum* (Rippenfarn)**
(blachnon = eine Farnpflanze)

Bis auf einige Ausnahmen sind die meisten Arten dieser Gattung Bodenbewohner von unterschiedlicher Größe, mit Wedeln von 20–250 cm Länge und typischer Rippenform. Das Verbreitungsgebiet erstreckt sich über Europa, Mittelamerika, Südamerika, Madagaskar, Südostasien, Australien und Neuseeland. Die Farne benötigen einen gut dränierten Boden, da sie anfällig auf stagnierendes Wasser reagieren und schnell zur Fäulnis neigen. Sie sind im Terrarium leicht in Seramis®, vermischt mit trockenem Buchenlaub, zu kultivieren und eignen sich für schattige Plätze.

Blechnum gibbum

Blechnum gibbum
(lat. gibbus = gewölbt, höckerig)
Die Wedel werden im Durchschnitt ca. 30–50 cm lang und bilden bei älteren Exemplaren einen kleinen Stamm, der eine gewisse Ähnlichkeit mit denen von Baumfarnen hat, allerdings natürlich nur eine „Miniaturausgabe“ ist.
Mittelgroße Terrarien können sehr dekorativ mit diesem Farn bepflanzt werden, der einen schattigen Standort erhalten sollte. Er wächst ausgezeichnet bei Tagestemperaturen von 20–26 °C, hoher Luftfeuchtigkeit und guter Dränage.

Campyloneurum

(griech. kampylos = gebogen, gekrümmt, neuron = Pflanzenfaser; bezogen auf die geäderten Wedel)

Die etwa 40 Arten dieser Gattung sind von Mittel- bis Südamerika verbreitet, wo sie überwiegend epiphytisch, seltener terrestrisch in Höhenlagen von 0–3000 m ü. NN vorkommen. Charakteristisch sind die schmalen, 20–60 cm langen Wedel ihrer Vertreter, die in der Natur große Kolonien bilden und häufig untere Baumbereiche besiedeln. Die einzelnen Wedel wachsen je nach Art aus einem mehr oder weniger langen Rhizom, welches mit der Unterlage (Baumrinde) fest verwachsen ist. Die Pflanzen sind leicht aus Sporen oder durch Teilen des Rhizoms zu vermehren. Sie sind sehr temperaturtolerant und können unbedenklich zwischen 15 und 28 °C kultiviert werden.

☺ *Campyloneurum angustifolium*
(lat. angustus = schmal, folium = Blatt)
Diese Art ist in Mittel- bis Südamerika ein häufiger Epiphyt mit Wedeln von bis zu 60 cm Länge. Dieser Farn mit geraden, 1–2 cm breiten Wedeln und kurzem Rhizom bevorzugt Höhenlagen von 300–1800 m ü. NN und toleriert Temperaturen von 15–28 °C. Er ist unempfindlich, wuchsfreudig und wird vorzugsweise an der Rückwand eines großen Terrariums epiphytisch auf Korkeiche oder Ähnlichem aufgebunden. Wedel, die reife Sporen produziert haben, säen diese leicht selbst im Terrarium aus. Die nächste Generation keimt dann nach etwa sechs Wochen. Eine gute Luftumwälzung und ein relativ heller Standort mit mäßigen Wassergaben (erst sprühen, wenn der Ballen fast abgetrocknet ist) genügen diesem Farn.

Campyloneurum angustifolium

Davallia

(Edmund Davall, schweiz. Botaniker, 18. Jh.)

Das Hauptverbreitungsgebiet der über 30 Arten dieser Gattung erstreckt sich von Südostasien bis Australien. Eine Ausnahme bildet *D. canariensis* von den Kanarischen Inseln. *Davallia* fällt vor allem durch das 5–8 mm starke, behaarte Rhizom auf. Farne aus dieser Gruppe werden häufig in Gartencentern als Ampelpflanze angeboten und eignen sich gut für mittelgroße bis große Terrarien. Die meisten Arten wachsen epiphytisch, sind sehr temperaturtolerant (15–28 °C) und leicht zu pflegen.
Die Größe ihrer fein gefiederten Wedel variiert je nach Art zwischen 20 und 80 cm. Davallien sind leicht vegetativ durch abgetrennte Rhizomstücke zu vermehren und ohne Unterlage oder Erde an hellen Stellen epiphytisch zu pflegen. Häufigster Kulturfehler, gerade bei *Davallia*, ist zu reichliches Gießen.

☺ *Davallia bullata* und *D. trichomanoides*
(lat. bullatus = blasenartig; bezogen auf die blasenartigen Verdickungen des Rhizoms; griech. trichoma = Haarwuchs)
Diese beiden Arten – *D. bullata* stammt aus Indien, *D. trichomanoides* aus Indonesien und Neuguinea – unterscheiden sich nur unwesentlich in ihrer Größe. *D. bullata* besitzt Wedel von 20–25 cm Länge, *D. trichomanes* solche bis 40 cm. Das bei beiden Arten dicht behaarte Rhizom, auf das der Artname von *D. trichomanoides* anspielt, ist äußerst wuchsfreudig und übersteht lange Trockenzeiten ohne Schaden.
Beide Farne können im unteren Drittel eines hohen Terrariums epiphytisch kultiviert werden. Das Rhizom überwuchert unter optimalen Bedingungen innerhalb eines Jahres eine Rückwand komplett, sodass häufig Rhizomstücke herausgeschnitten werden müssen. Man sollte an manchen Tagen auf jegliche

Davallia bullata

Davallia pentaphylla

Wassergaben verzichten, was dem Wachstum der Farne sehr förderlich ist.

☺ *Davallia pentaphylla* (*Scyphularia pentaphylla* b)
(griech. pente = fünf, phyllon = Blatt)
Dieser aus Indonesien und Neuguinea stammende, dekorative Farn besticht durch sein fast schwarzes, dicht behaartes Rhizom und seine fünfteilige Blattspreite (Name!). Die Wedel von ca. 30–40 cm Länge sind hübsch gefiedert. Der Farn benötigt mäßige Wassergaben sowie epiphytische Kultur. Bester Platz für diese weniger schnellwüchsige Art ist die Rück- oder Seitenwand.

☺ *Davallia pyxidata*
[lat. (griech. Fremdwort) pyxis = Büchse, dare = hervorbringen]
Der in Australien heimische Farn erreicht eine Größe von 30–60 cm und hat fein gefiederte Wedel. Er kann einfach auf weniger feuchten Boden im Terrarium gelegt werden und sucht sich dann seinen Weg nach oben. Das harte Rhizom verzweigt sich stark und benötigt genügend Platz, um sich auszubreiten.

Davallia pyxidata

Hemionitis

(„Hemionitis“ bezieht sich auf die Zugehörigkeit zur „Sippe“ der Farne)

! *Hemionitis arifolia*

(arifolia spielt auf die Ähnlichkeit der Wedel zum Zehrwurz an; lat. folium = Blatt, *Arum* ist der Gattungsname der Aronstäbe oder Zehrwurze)

H. arifolia ist in Asien die einzige Art der Gattung, während in Südamerika sieben Spezies vorkommen. *Hemionitis* wächst in der Nähe von Flussläufen oder auf steinigen, gut dränierten Böden. Die herzförmigen, ca. 4 x 6 cm großen Wedel werden inklusive Stiel 20–30 cm lang und sind schnellwüchsig. Im Terrarium pflanzt man die Art am Boden in Seramis® und grobe Kiessorten.

Temperaturen von 25–28 °C sind bei hoher Luftfeuchtigkeit ideal. Dieser Farn darf auf keinen Fall längere Zeit im Wurzelbereich extrem feucht gehalten werden, sondern sollte möglichst in einen nach hinten ansteigenden Bodengrund integriert werden, damit keine Staunässe aufkommt. Sobald sich an den älteren Wedeln ein Schössling zeigt, kann der Stiel abgeschnitten und der Farn so vegetativ vermehrt werden.

Getopfte, in normaler Blumenerde angebotene Pflanzen müssen gründlich von den erdigen Teilen befreit werden, bevor sie in ein Terrarium gepflanzt werden.

Hemionitis arifolia

Humata

(lat. humus = Boden)

Die nahe Verwandtschaft mit den Davallien ist nicht zu übersehen. Mit Ausnahme von *H. heterophylla* sind die Wedelformen beider Gattungen gleich. Lediglich in Bezug auf die Größe ist ein Unterschied festzustellen: Die *Humata*-Arten sind deutlich kleiner, und ihr Rhizom misst meistens nur wenige Millimeter. Sie sind von Indien und Südostasien bis Australien verbreitet und sehr wärmebedürftig, brauchen also mindestens 25 °C. Temperaturen unter 20 °C bedeuten Wachstumsstillstand – die Farne sind dann nur schwierig zum Weiterwachsen zu bewegen. Sie sollten immer mit Moosunterlage epiphytisch gepflegt werden und wachsen auch in kleineren Terrarien unter feuchtwarmen Bedingungen hervorragend.

Humata heterophylla

Humata heterophylla
(griech. heteros = verschieden, phyllon = Blatt)
Der aus Indonesien stammende Farn zeigt zwei verschiedene Wedelformen von ca. 8–15 cm Längc und cin ca. 3 mm dünnes, an der Spitze rötliches Rhizom. Im Abstand von 2–3 cm wächst aus dem Rhizom ein steriler oder fertiler Wedel, der in der Entwicklungsphase immer rötlich gefärbt ist
Kleinere und größere Terrarien mit Temperaturen von 25–28 °C, hoher Luftfeuchtigkeit bei gleichzeitiger Luftumwälzung und Frischluftzufuhr lassen diesen Farn prächtig gedeihen.

Humata tyermanii
Die Wedel von *H. tyermanii* gleichen stark denen der Davallien. Die dunkelgrünen, kurzgestielten Wedel messen ca. 20–25 cm, sind fein gefiedert und in der Entwicklungsphase rötlich angehaucht. Das silbrige Rhizom ist ca. 5–7 cm stark. Dieser Farn ist in China beheimatet und braucht aufgrund seines langsamen Wachstums sehr lange, um sich im Terrarium zu etablieren. Insgesamt ist *H. tyermanii* eine sehr grazile Erscheinung und äußerst dekorativ. Warme Terrarien ab 1 m Höhe mit optimaler Luftumwälzung und Beleuchtung sind für diesen nicht einfach zu kultivierenden Farn erforderlich. Die Wasserwerte (pH und mS) müssen dem Regenwasser angepasst werden.

Humata tyermanii

Lemmaphyllum microphyllum

Lemmaphyllum
(griech. lemma = Eierschale, phyllon = Blatt)

Lemmaphyllum microphyllum
(griech. mikros = klein, phyllon = Blatt)
Die fast runden sterilen Wedel messen nur 0,5–1 cm im Durchmesser, die fertilen sind schmal (0,5 cm), ungefähr 3 cm lang und an der Spitze abgerundet.
Das haarfeine Rhizom verzweigt sich sehr stark und bildet die blattähnlichen Wedel in kurzen Abständen, sodass der Eindruck von zierlichem, undurchdringlichem Blattwerk entsteht.
Der ausschließlich epiphytisch wachsende Farn ist dekorativ und leicht im Temperaturbereich von 20–28 °C zu kultivieren. Er kommt in China, Indien und Malaysia in Höhenlagen bis ca. 1200 m ü. NN vor.
Korkeiche mit Moosunterlage lässt vorhandenes Wasser schnell abfließen und den Farn nach jedem Schauer in kurzer Zeit abtrocknen.
Die fleischigen Blätter speichern genügend Wasser, um den Farn einige trockene Tage überleben zu lassen. Die Luft sollte bei diesem Farn in ständiger Bewegung gehalten werden.

Microgramma

(griech mikros = klein, gramma = Schrift, hier im Sinne von Zeile oder Linie; bezogen auf die mit feinen Linien durchzogenen Wedel)

Zur Gattung *Microgramma* zählen ungefähr 20 Arten, von denen bis auf zwei alle aus Mittel- bis Südamerika stammen. Sie wachsen epiphytisch in Höhenlagen von 0–2500 m ü. NN und benötigen warme, feuchte Kulturbedingungen. Sowohl die sterilen als auch die fertilen Wedel sind je nach Art lanzenförmig oder oval ausgebildet und erreichen eine Länge von 3–20 cm. Wegen ihrer geringen Größe können Farne dieser Gattung bereits in Terrarien ab 50 cm Höhe kultiviert werden. Sie sind recht unempfindlich.

☺ *Microgramma lycopodioides*
(lycopodioides = bärlappähnlich; *Lycopodium* ist der Gattungsname der Bärlappe.)
Der von Costa Rica und Panama bis Südamerika verbreitete Farn formt 15–20 cm lange hellgrüne Wedel, die aus einem weißgrauen, behaarten Rhizom von 3–4 mm Durchmesser hervorgehen. Er benötigt Tagestemperaturen von 23–26 °C, hohe Luftfeuchtigkeit und dauernde Luftumwälzung. Die dekorative, schnellwüchsige Art „spreizt“ das Rhizom in alle Richtungen, aus denen sie ausreichend Licht erhält, und verwächst innerhalb weniger Wochen mit seiner Unterlage.

Microgramma lycopodioides

Korkeiche oder Baumfarnplatten sind zum Befestigen des Farns geeignet, eventuell mit ein bisschen Moos. Das Rhizom darf nicht dauernd nass gehalten werden und muss nach dem Beregnen innerhalb kurzer Zeit abgetrocknet sein.

☺ *Microgramma nitida*
(lat. nitidus = hübsch, glänzend)
Die länglich ovalen, dunkelgrünen sterilen Wedel werden ca. 5–10 cm lang und 2 cm breit. Die Sporen tragenden fertilen Wedel sind schmaler und am Ende spitz zulaufend. Das braune Rhizom mit hellgrün behaarter Spitze erreicht einen Durchmesser von 2–3 mm. Der Farn ist in Tieflandwäldern Mittelamerikas und der Westindischen Inseln beheimatet.
Tagestemperaturen von 25–28 °C mit guter Luftumwälzung lassen ihn bei epiphytischer Kultur prächtig gedeihen. *M. nitida* wächst gerne an dünneren Ästen (2–3 cm Durchmesser), die das Rhizom umschlingt.

Microgramma nitida

☺ *Microgramma tecta* var. *nana*
(lat. tectus = bedeckt; bezogen auf die feine Behaarung, nanus = Zwerg)
Dieser kleinste hier beschriebene Vertreter seiner Gattung besitzt blattförmige Wedel von ca. 0,8–1,5 cm Größe. Sein Rhizom von nur 0,4 mm Durchmesser ist mit weißen Haaren bedeckt (Name!). Die zarte Erscheinung ist von Mexiko, Costa Rica, Kolumbien und Peru bis Brasilien in Höhenlagen von

Microgramma tecta var. *nana*

0–1200 m ü. NN anzutreffen und benötigt Temperaturen von 25–28 °C. Im Terrarium ist die Art sehr schnellwüchsig und kann innerhalb kurzer Zeit eine kleinere Rückwand bedecken, die dann bei ausreichender Lichtmenge mit leuchtend grünen Blättchen übersät ist.

☺ *Microgramma vaccinifolium*
(*Vaccinium* = wissenschaftlicher Gattungsname der Heidelbeere, lat. folium = Blatt, also „heidelbeerblättrig“)
Ein hübscher, fast unverwüstlicher Farn aus Südamerika, der sich für kleine und große Terrarien gleichermaßen eignet. Die heidelbeerähnlichen Blätter wachsen aus einem verzweigten, weiß behaarten Rhizom und werden ca. 3–6 cm lang. In freier Natur überzieht dieser Farn ganze Bäume mit seinem Rhizom so dicht, dass oftmals die Baumrinde kaum noch zu erkennen ist. Dünnere Äste werden ebenfalls gerne besiedelt; die Rhizome der Farne hängen dann oft meterlang frei herab. *M. vaccinifolium* liebt hohe Temperaturen (25–28 °C) und kann an beliebiger Stelle (außer am Boden natürlich) mit Moosunterlage befestigt werden. Er lässt sich einfach vegetativ durch Teilen der Rhizome vermehren und verwächst innerhalb weniger Wochen mit seiner Unterlage. Dieser Farn muss bei hoher Luftfeuchte, aber nicht nass gepflegt werden.

Microsorum
(griech. mikros = klein, soros = Haufen; bezogen auf die Sori)

Mit über 40 Arten ist *Microsorum* im asiatischen Raum (Indien, China, Sumatra, Philippinen, Malaysia, Neuguinea) in Höhenlagen von 0–2000 m ü. NN verbreitet. Die Wedelformen zeigen bei den meisten Arten einzeln stehende Blätter von 20–120 cm Länge und wenigen Zentimetern Breite. *Microsorum*-Arten bevorzugen oftmals schattige Standorte auf moosbewachsenen Felsen in der Nähe von Flüssen, oder sie wachsen epiphytisch im unteren Baumbereich. Feuchtwarme Kulturbedingungen sagen ihnen am meisten zu.

☺ *Microsorum steerei*
Der aus Malaysia und Thailand stammende Farn bildet Wedel von maximal 30 cm Länge und 1–2 cm Breite aus. Die intensiv metallisch blaue Färbung der Wedel ist ein Zeichen dafür, dass dieser Farn einen sehr schattigen Standort bevorzugt. Sobald sie starke Lichteinstrahlung erhalten, zeigen Neutriebe eine sattgrüne Färbung. Der Farn muss epiphytisch kultiviert werden, benötigt wenig Licht und Temperaturen von 25–28 °C sowie mäßige Wassergaben.

Microsorum steerei

Polypodium (Tüpfelfarn)

(griech. polys = viel, podion = Füßchen, bezogen auf die zahlreichen Wurzelstöcke)

Über 150 der 240 Farngattungen gehören zu den Polypodiaceae, die ca. 7000–9000 Arten umfassen. Die etwa 1100 Arten der Gattung *Polypodium* sind über die gesamte Erde verbreitet. Das Hauptverbreitungsgebiet liegt in tropischen und subtropischen Zonen in Höhenlagen von 0–3500 m ü. NN. Die Farne wachsen auch terrestrisch, jedoch überwiegend epiphytisch und besitzen bis 10 mm starke, behaarte Rhizome. Die meisten Vertreter sind als klein bis mittelgroß einzustufen.

Polypodium formosanuum

[von der Insel Taiwan (früher Formosa) stammend]

Besonders auffällig ist das 4–5 mm starke, hellgrüne und weiß gefleckte Rhizom, das sich vom dunklen Untergrund deutlich abhebt. Die Wedel messen 30–50 cm, sind fein gefiedert und ebenfalls hellgrün. Dieser Farn darf nur epiphytisch kultiviert werden, benötigt 23–28 °C Tagestemperaturen bei ca. 5 % Nachtabsenkung, hohe Luftfeuchtigkeit und dauernde Luftumwälzung.

Wegen seines weit verzweigten Rhizoms wirkt es besonders attraktiv, wenn der Farn mit Moosunterlage an den Seitenwänden im Terrarium gut sichtbar integriert wird.

Rhizom von *Polypodium formosanuum*

☺ *Polypodium vulgare*

(lat. vulgaris = gewöhnlich)

Dieser weit verbreitete Farn (Europa bis Afrika, China) ist in Bezug auf die Temperatur äußerst anpassungsfähig: Frost sowie Temperaturen von über 30 °C verträgt er ohne Probleme. Aus einem kriechenden, verzweigten Rhizom wachsen die aufrecht stehenden Wedel von 30–50 cm Länge im Abstand von wenigen Zentimetern. Der bevorzugte Standort in der Natur sind gut durchlüftete, mit dicken Moospolstern bewachsene Steinmauern. Im Terrarium kann *P. vulgare* auch epiphytisch mit Moosunterlage an Rück- oder Seitenwand kultiviert werden. Ideale Temperaturen liegen zwischen 15 und 26 °C. 60 % Luftfeuchtigkeit reichen aus. Dieser unempfindliche Farn ist schnellwüchsig und für Terrarien ab 80 cm Höhe geeignet.

Polypodium vulgare

Pyrrosia
(griech. pyrros = rot; die Unterseite der Wedel ist rot gefärbt)

Von einigen Ausnahmen abgesehen erreichen die einzelnen blattähnlichen, schmalen Wedel dieser Farne eine Länge von 1–40 cm. Die Färbung ist je nach Art unterschiedlich. Die Wedel sind besonders im frühen Entwicklungsstadium mit feinen Haaren überzogen, die typisch für *Pyrrosia* sind. Die annähernd 100 Arten stammen aus Asien und Australien, wo sie von Meereshöhe bis ca. 1200 m ü. NN weit verbreitet sind. Es handelt sich um die in Südostasien am häufigsten vorkommende Farnart, die auf fast jedem älteren Baum anzutreffen ist und dort dichte Polster bildet. *Pyrrosia*-Arten benötigen größere Terrarien, um sich in ihrer vollen Schönheit entwickeln zu können. Tagestemperaturen von 25–28 °C sagen diesem relativ langsam wachsenden Farnen am besten zu.
Die ausschließlich epiphytische Lebensweise muss auf jeden Fall beachtet werden, damit das Wasser von Wedel und Rhizom sofort abfließen kann.

Pyrrosia costata
(lat. costa = Rippe)
Die kurz bestielten Wedel dieses aus Thailand stammenden Farns messen etwa 20–30 cm. Er bildet mit seinem braunen, ca. 3 mm starken Rhizom dichte Horste. Die Unterseite des blattähnlichen Wedels ist mit zahlreichen sehr feinen, rötlichen Haaren von 1 mm Länge übersät, sodass bei manchen Arten selbst dann ein zartes Rostrot durch den Wedel hindurchscheint, wenn er von oben betrachtet wird. Er benötigt viel Platz, warme Temperaturen, hohe Luftfeuchtigkeit und gute Belüftung. Außerdem braucht diese Art viel Licht (HQL- oder Natriumdampflampe). Seiten- und Rückwand sind geeignete Plätze, dem Rhizom freien Lauf zu lassen.

☺ *Pyrrosia lanceolata*
(lat. lanceola = kleine Lanze; bezogen auf die Form der Wedel)
Das große Verbreitungsgebiet dieses Farns erstreckt sich von Indien, Malaysia und Neuguinea bis Australien. *P. lanceolata* wächst überwiegend epiphytisch in Höhenlagen von

Pyrrosia lanceolata

0–300 m ü. NN. Der Standort ist häufig direkter Sonneneinstrahlung ausgesetzt – wenn auch nur für wenige Stunden pro Tag –, was bei der Kultur unbedingt berücksichtigt werden muss. Die spitz zulaufenden Wedel werden nur 15–20 cm lang und wachsen aus einem dunkelbraunen Rhizom im Abstand von ca. 2 cm. Ein helles, großes Terrarium mit hoher Luftfeuchtigkeit und mäßige Wassergaben (die Pflanze muss abends immer trocken sein) sind Voraussetzung für den leicht zu kultivierenden Farn.

☺ *Pyrrosia lingua*
(lat. lingua = Zunge; bezogen auf die Form der Wedel)
Die Unterseite der Wedel von *P. lingua* ist rostrot gefärbt und von der Mitte bis zur Spitze fein behaart. Die Gesamtlänge der Wedel beträgt ca. 40 cm, wovon die Hälfte auf den 2–3 cm dicken Stiel entfällt. Der in Thailand, Japan und China beheimatete Farn benötigt warme Temperaturen, einen hellen Standort, epiphytische Kultur und viel Platz. Er ist relativ schnellwüchsig und nur für Terrarien ab einer Höhe von mindestens 1 m geeignet. Grobe Korkeiche mit Moosunterlage oder Baumfarnbretter geben dem Rhizom die Möglichkeit, innerhalb einiger Wochen mit der Unterlage zu verwachsen.

Pyrrosia lingua

Pyrrosia nummularifolia

Pyrrosia nummularifolia
(lat. nummularius = münzenförmig; bezogen auf die Form der Wedel, folium = Blatt)
Nur die fast kreisrunden, behaarten sterilen Wedel (2–3 cm Durchmesser) lassen sich mit einer münzenähnlichen Form in Verbindung bringen. Die Sporangien (an der Unterseite oder den Rändern der Farnwedel wachsende „Behälter“, in denen die Sporen gebildet werden) tragenden Wedel sind stark behaart und etwa 3–6 cm lang, 6 mm breit und an ihrem Ende oval. Der Farn besiedelt Bäume bis hinauf in die Krone, wo er sein weit verzweigtes, etwa zwei Millimeter starkes Rhizom ausbildet.
Seine Heimat ist Südostasien. Man findet die Art von Meereshöhe bis in 1000 m ü. NN. Im Terrarium benötigt sie bei hoher Luftfeuch-

tigkeit einen hellen Platz, an dem innerhalb kurzer Zeit das Wasser ablaufen kann. Bei ausreichender Luftumwälzung und Temperaturen von 24–28 °C ist diese Art ein unkomplizierter und schnell wachsender Pflegling.

☺ *Pyrrosia piloselloides*
(piloselloides = habichtskrautähnlich; *Pilosella* ist der Name der Untergattung der Mausohr-Habichtskräuter.)
Annähernd sukkulente, ovale, blattähnliche Wedel von 2–4 cm (sterile Wedel) bzw. 6–9 cm Länge bei 5–8 mm Breite (fertile Wedel) charakterisieren diesen außergewöhnlichen Farn. Er ist in ganz Südostasien heimisch und besiedelt in großen Kolonien vor allem ältere Bäume und Palmen bis in die Krone. Das etwa 1 mm dünne Rhizom verzweigt sich kräftig, wenn hohe Temperaturen von 25–30 °C, 70 % Luftfeuchtigkeit und ausreichend Licht zur Verfügung stehen. Auch in kleineren Terrarien lässt sich dieser Farn leicht kultivieren, wenn nicht zu viel Wasser versprüht und für ausreichende Belüftung gesorgt wird.

Pyrrosia piloselloides

Pleopeltis
(griech. pleos = voll, pelte = kleiner Schild; bezogen auf die Sporangien)

Die Unterseite der Wedel trägt eine aderähnliche, feingenetzte Struktur, die besonders bei den rund 30 Arten aus Mittel- und Südamerika zu bemerken ist. Das Tiefland und die Bergwälder von 0–3000 m ü. NN werden vor allem epiphytisch – meistens auf kahler Baumrinde aufsitzend – besiedelt. Durch ihre geringe Größe (ca. 15–35 cm) sind diese Farne bereits für Terrarien ab 80 cm Höhe geeignet. Die anpassungsfähigen Pflanzen benötigen einen hellen Platz mit Temperaturen von 23–26 °C und hoher Luftfeuchte.

Pleopeltis astrolepis
(griech. aster = Stern, lepis = Schuppe; bezogen auf die sternförmigen Sporangien)
Dieser Farn mit schmalen, ca. 15–20 cm langen Wedeln ist in ganz Süd- und Mittelamerika weit verbreitet. Gerne besiedelt er Bäume der unteren Bergwälder (900–1600 m ü. NN), jedoch ebenso das Tiefland. Die Pflanze passt in nicht zu nasse Terrarien ab 50 cm Höhe und erfordert dauernde Luftumwälzung. Korkeiche ist die geeignete Unterlage für diesen Farn, der keine „nassen Füße" liebt. Durchschnittstemperaturen von 23–26 °C reichen aus.

Pleopeltis astrolepis

Pleopeltis macrocarpa

☺ *Pleopeltis macrocarpa*
(griech. makros = groß, karpos = Frucht)
Insgesamt erreicht der Farn eine Höhe von rund 30 cm, wovon 6–8 cm auf den dünnen Blattstiel entfallen. *P. macrocarpa* ist von Mittelamerika bis Argentinien in Höhenlagen von ca. 500–3000 m ü. NN verbreitet und gedeiht optimal bei Temperaturen von 23–28 °C. Im Abstand von 1–3 cm wächst aus dem 2–3 mm dicken Rhizom jeweils ein einzelner blattähnlicher Wedel von ca. 1–2 cm Breite und 20–24 cm Länge. *P. macrocarpa* benötigt viel Platz und kann an der Rück- oder Seitenwand ohne zusätzliche Moosunterlage befestigt werden. Etwa 6–8 Wochen benötigt dieser Farn, um sich auf einen anderen Kulturraum einzustellen, und verliert nach dem Umsetzen oftmals sämtliche Wedel. Hat er sich einmal etabliert, ist er in seiner Wuchsfreudigkeit kaum zu bremsen.

Pleopeltis percussa

☺ *Pleopeltis percussa*
(lat. percutere = durchbohren)
P. percussa bevorzugt schattige Standorte im unteren bis mittleren Baumbereich, wo der Farn häufig auf kahler Rinde gedeiht. Im Gegensatz zu *P. astrolepis* besiedelt diese Art das Tiefland von Mittel- bis Südamerika. Die schmalen Wedel erreichen eine Durchschnittslänge von 10–15 cm und besitzen eine kräftig dunkelgrüne Farbe. Bei Temperaturen von 24–28 °C ist *P. percussa* schnellwüchsig und kann leicht vegetativ vermehrt werden. Ein kleiner Ventilator sollte ständig die Luft in Bewegung halten.

Selaginella (Moosfarn)

Diese faszinierenden Pflanzen, die unverändert seit Millionen von Jahren unseren Planeten besiedeln, gehören nicht zu den „echten" Farnen. Den größten Artenreichtum verzeichnen die Tropen und Subtropen, wo die Vertreter dieser Gattung überwiegend als Bodenbewohner auftreten. Die etwa 600–700 Arten sind in ihrer Form, Farbe und Größe sehr variabel, wobei ein großer Anteil auf die moosähnlichen, „typischen" Selaginellen entfällt. Am Naturstandort besiedeln sie schattige, gut dränierte Urwaldböden vom Tiefland bis in die Bergregenwälder. Flussufer oder felsige, feuchte Hänge mit Bachläufen werden ebenfalls gerne besiedelt, wobei die feinen Wurzeln nur oberflächlich in den Boden eindringen, um ihren Wasserhaushalt zu decken. *Selaginella* kriecht förmlich über den Boden und bedeckt ihn wie ein grüner Teppich, wenn sie massenhaft auftritt. Einige wenige Arten erklimmen auch die unteren Baumbereiche oder wachsen epiphytisch, wenn die Luftfeuchtigkeit ständig hoch genug ist. Im Terrarium sind Selaginellen hervorragend für die Bodenbepflanzung geeignet, reagieren aber empfindlich auf kalkhaltiges Wasser und vor allem auf konstante Nässe. Sie werden oftmals in Gartencentern „getopft" für die Fensterbank angeboten. Im Terrarium müssen die Pflanzen vollkommen von der anhaftenden Erde befreit und einfach auf den gut dränierten Boden gelegt werden. Nach Möglichkeit sollte ein Wasserabfluss vorhanden sein.

Bei Temperaturen von 20–28 °C und hoher Luftfeuchtigkeit sind Selaginellen einfach zu kultivierende Pflanzen, die auch für kleinere Terrarien geeignet sind.

Selaginella haematodes
(griech haima = Blut; wegen der roten Unterseite)
Dieser sehr hübsche Bodenbewohner, der von Panama bis Bolivien verbreitet ist, wird etwa 10–15 cm hoch und zeigt auf der Oberseite der feinen Wedel eine blaue Färbung. Die Unterseite ist blutrot bis rosa gefärbt. Die Art wirkt insgesamt sehr dekorativ. *S. haematodes* benötigt Temperaturen von 25–30 °C bei hoher Luftfeuchtigkeit (80– 90 %) und sehr gut dräniertem Bodengrund. Sie ist für kleinere wie große Terrarien gleichermaßen geeignet und leicht zu pflegen, wenn ihre Bedürfnisse beachtet werden.

Selaginella haematodes

Selaginella kraussiana

☺ *Selaginella kraussiana*
(Christian Ferdinand von Krauss, deutsch. Botaniker und Zoologe; 19. Jh.)
Diese häufig in Gartencentern angebotene Art mit leuchtend grünen Wedeln ist sehr robust und hervorragend geeignet, kleinere Terrarien im Bodenbereich zu bepflanzen.
Ihre Schnellwüchsigkeit muss hin und wieder gebremst werden, indem man ältere Exemplare kräftig auslichtet. Die Rhizomstücke wachsen auf fast jedem – nicht zu nassen – Untergrund ohne Schwierigkeiten in kurzer Zeit an und sind leicht zu vermehren. Diese Selaginelle ist ungemein temperaturtolerant und verträgt 15–28 °C.

Selaginella willdenowii
(Karl Willdenow, Direktor des bot. Gartens Berlin; 19. Jh.)
Mit ihren metallisch blau schimmernden Wedeln von 15–25 cm Länge ist diese Art eine eindrucksvolle Erscheinung von besonderer Eleganz.
Ursprünglich ist *S. willdenowii* in den Tieflandwäldern Malaysias und Indonesiens heimisch, wurde jedoch auch in Kolumbien und Panama angesiedelt, wo sie terrestrisch in aufrechter Wuchsform auch niedrige Bäume besiedelt. Sie benötigt 24–28 °C, sehr gut dränierten Boden (Seramis®, Bimskies) und Terrarien ab 1 m Höhe, um sich in ihrer ganzen Schönheit voll entfalten zu können. Eine der prächtigsten *Selaginella*-Arten überhaupt.

Trichomanes (von einigen Taxonomen als Synonym zu *Didymoglossum* aufgefasst)
(griech. trichoma = Haarwuchs; bezogen auf die haarfeinen Wedelstiele)

Mit über 300 Arten, verteilt auf die Tropen und Subtropen unseres Planeten, hat diese Farngruppe interessante Formen hervorgebracht. Durchschnittlich erreichen sie eine Größe von wenigen Zentimetern oder sogar nur 3–4 mm Gesamtlänge der Wedel. Sie

Selaginella willdenowii

Trichomanes saxifragoides

wachsen epiphytisch oder terrestrisch an den feuchtesten Standorten, oftmals direkt neben Wasserfällen. Auch im Terrarium kann es für sie fast gar nicht feucht genug sein: Ein einziger Tag mit nur 60 % Luftfeuchtigkeit lässt die Wedel einrollen oder vertrocknen. 80–100 % Luftfeuchtigkeit sollten es also schon sein, verbunden mit hohen Temperaturen (24–28 °C). Im Terrarium sind die Vertreter dieser Gattung einfach zu pflegen und gedeihen besonders gut auf stetig feuchtem Untergrund.

Trichomanes saxifragoides
(saxifragoides = steinbrechähnlich; *Saxifraga* ist der Gattungsname der Steinbreche.)
Dieser kleine Farn stammt aus Australien und Malaysia und bildet fein gefiederte Wedel von 2–4 cm Länge aus. Das fast schwarze, dünne Rhizom verzweigt sich unter feuchtwarmen Bedingungen stark und bringt im Abstand von 1–2 cm neue Wedel hervor. Im Terrarium gedeiht die Art prächtig in der Nähe eines Wasserfalls oder an einer feuchten Rück- oder Seitenwand. Besonders mit Moos bewachsene Steinbrocken werden von diesem Farn ebenfalls gerne besiedelt. Er benötigt wenig Licht und kann auch in kleinen Terrarien kultiviert werden. *T. saxifragoides* lässt sich vegetativ leicht vermehren, sobald das Rhizom seine haarfeinen Ausläufer ausbildet.

***Vittaria* (Bandfarn)**
(lat. vitta = Binde; bezogen auf die Schnürsenkelform der Wedel)

Mit ungefähr 60 Arten sind diese Farne in den Tropen und Subtropen verbreitet. Sie lassen sich an ihren schmalen (0,3–1,0 cm), mehr oder weniger langen (10–90 cm), linearen Wedeln erkennen. Ungefähr 70 % der Vittarien sind in Südasien verbreitet. Die Pflanzen besiedeln die unteren Baumbereiche in Höhenlagen von 0–2000 m ü. NN. Im Terrarium lieben sie warme Temperaturen und hohe Luftfeuchtigkeit bei ständigem Luftaustausch. Stagnierende Nässe muss vermieden werden. Korkeiche mit Moosunterlage ist für die Pflanzen geeignet.

Vittaria stipitata
(lat. stipes = Zweig, Baumstamm; wegen der epiphytischen Lebensweise)
Ein kleiner Vertreter dieser Gruppe, der über Mittelamerika, Kuba, Jamaika bis Brasilien verbreitet ist und ausschließlich im Tiefland (0–300 m ü. NN) epiphytisch – meistens auf moosbewachsener Rinde oder direkt am unteren Stammbereich von Palmen – vorkommt, und zwar stets in beschatteter Lage. Ausgewachsene Exemplare messen etwa 20–30 cm und können auch in kleineren Terrarien kultiviert werden.
Die Art gedeiht optimal im Temperaturbereich von 25–28 °C in gut beleuchteten Terrarien.
Die grasähnlichen Wedel wirken durch ihre leicht gebogene Wuchsform sehr exotisch.

Vittaria stipitata

Vom grünen Daumen und anderen Zauberformeln

Warum einzelne Pflanzen in Terrarien einfach nicht wachsen wollen oder nicht zur Blüte kommen, kann von verschiedenen Faktoren abhängen, die wir nun kurz zusammenfassen möchten. So kann man z. B. in zwei gleich großen Terrarien mit exakt gleicher technischer Ausstattung und Bepflanzung, die aber in unterschiedlich großen Räumen aufgestellt sind, ganz verschiedene Ergebnisse in Bezug auf das Pflanzenwachstum erzielen.

Mögliche Ursachen für ein nicht optimales Gedeihen der Pflanzen in dem kleineren Raum könnten eine mangelnde Belüftung sowie das insgesamt kleinere Luftvolumen und die dadurch verursachte unzureichende Aufnahme von CO_2 (Kohlendioxid) durch die Pflanzen sein.

CO_2 aber ist lebensnotwendig für das Pflanzenwachstum; deshalb muss mindestens alle zwei Tage kräftig gelüftet werden, um für den wichtigen Gasaustausch zu sorgen.

Ein anderes Problem gerade bei großen bzw. hohen Terrarien ist die oftmals unzulängliche Beleuchtung im mittleren bis unteren Bereich. Neonröhren reichen nicht aus! (Siehe Kapitel „Die Beleuchtungsmittel“ Seite 39 ff.)

Mangelhafte Beleuchtung ist der mit Abstand häufigste Kulturfehler, jedoch durch geeignete Beleuchtungsmittel einfach zu korrigieren. Gleich nach „zu wenig Licht“ kommt bei 90 % aller Terrarien „zu viel Wasser“.

Wir können zwar nicht für jede Terrariengröße ein allgemein gültiges Rezept vorgeben, da jeder künstlich gestaltete Biotop – bedingt durch unterschiedliche Größen und Temperaturen – anders beschaffen ist, jedoch eine Tendenz zu weniger Wasser und mehr Nebel lässt einiges Unheil erst gar nicht entstehen.

Ein großes Terrarium von 180 x 100 x 150 cm (L x B x H), bestückt mit etwa acht Regendüsen plus Nebelanlage, wird z. B. einmal pro Tag (morgens) mit Wasser versorgt und zusätzlich für jeweils 20 Minuten drei- bis viermal mit Nebel. Die Wasserversorgung ist vollkommen ausreichend, die Pflanzen wachsen ausgezeichnet! Einmal pro Woche verzichten wir gänzlich auf „Regen“ und Nebel. Wichtig ist in erster Linie hohe Luftfeuchtigkeit bei gleichzeitig trockenem Zustand der Pflanzen, vor allem in den Abendstunden. Zu viel Wasser lässt schnell Neutriebe verfaulen und ganze Pflanzenteile absterben.

Nach der Versorgung mit Wasser ist es sinnvoll, einen Ventilator zuzuschalten, der die Pflanzen schneller abtrocknen lässt und gleichzeitig verbrauchte Luft aus dem Terrarium befördert. Nachts sollte der Ventilator immer durchlaufen, um für Abkühlung und Frischluft zu sorgen. Stetig bewegte Luft hilft außerdem dabei, Pilzbefall an Pflanzen und Tieren zu verhindern.

Die große Kunst des grünen Daumens besteht in erster Linie darin, mit möglichst wenig Wasser eine durchschnittlich hohe Luftfeuchtigkeit, verbunden mit geringer Ballen- oder Wurzelfeuchtigkeit für die Pflanzen bereitzustellen und so optimale Wachstumsbedingungen zu schaffen.

Ein anderer wichtiger Punkt, warum z. B. einige Bromelien oder Orchideen nicht zum Blühen zu bewegen sind, ist die Tatsache, dass sie dauernd annähernd gleich bleibenden Temperaturen ausgesetzt sind.

Tages- und Nachttemperaturen differieren aber am Naturstandort teilweise stark. Tageszeitlich unterschiedliche Temperaturen sind für ein gesundes Wachstum der Pflanzen und Tiere daher auch im Terrarium notwendig: Erst die Nachtabsenkung signalisiert vielen Orchideen und Bromelien, dass es jetzt an der Zeit ist, sich zu vermehren und gefälligst einige Blüten zu produzieren (zu unterschiedlichen Jahreszeiten je nach Art).

Die Botschaft ist einfach: keine stagnierenden Kulturbedingungen, was die Temperatur bei Tag und Nacht betrifft, und z. B. einen Ventilator in Intervallen zuschalten, um die Temperatur bei Bedarf zu senken.

Die Nährstoffe

In der Natur sind gerade die Epiphyten wahre Hungerkünstler und auf Humuspolster und das Sammeln von organischer Substanz (z. B. bei Bromelien) angewiesen.
Trotz des geringen Nährstoffgehaltes im Regenwasser wachsen sie prächtig, weil sie ja u. a. dauernd frischer Luft ausgesetzt sind und daher ausreichend Kohlendioxid aufnehmen können. Auch im Terrarium muss daher ständig für eine ausreichende Luftumwälzung gesorgt werden.
Was die Nährstoffe und Spurenelemente betrifft, so helfen wir ein bisschen nach und versorgen unsere Pflanzen mit regelmäßigen schwachen Düngergaben. Alle drei Wochen, außer im Winter, düngen wir unsere Pflanzen mit herkömmlichem Pflanzendünger, der ca. 300–400 mS aufweist.

Die drei Hauptnährstoffe sind:
N = Stickstoff
P = Phosphor
K = Kalium

Die Angabe auf den Verpackungen des Düngers sehen z. B. wie folgt aus:

„NPK = 6, 10, 15“ oder „6, 6, 6 (NPK)“

Wir verwenden flüssigen Pflanzendünger mit geringem Stickstoffanteil, z. B. 6, 10, 15 (NPK) mit gutem Erfolg.
Die Düngemittel werden in konzentrierter Lösung verkauft (1 ml kann 1000 mS entsprechen) und sind daher nur mit Wasser verdünnt verwendbar.
Bei der Anwendung von Dünger benutzen wir immer ein Leitfähigkeitsmessgerät, um die gewünschte schwache Konzentration (ca. 300–400 mS) einstellen zu können. Etwa 15 Minuten vor dem Düngen müssen die Wurzeln und Blätter „klatschnass“ sein, um die Nährstoffe besser aufnehmen zu können. Besprühen Sie sodann die Pflanzen im Terrarium kräftig mit der Düngerlösung.
Die Pflanzen werden nur in den Morgenstunden mit Nährstoffen versorgt und alle sechs bis acht Wochen mit abgestandenem Leitungswasser „aufgekalkt“.

Der letzte Punkt:

Wenn ein Terrarium neu mit Pflanzen eingerichtet wird, dauert es ungefähr 6–10 Wochen, bis sich das Mikroklima eingestellt und der Tier- und Pflanzenfreund den richtigen Pflegerhythmus gefunden hat.
Die Tiere sollten möglichst erst nach diesem Zeitpunkt, wenn also die Pflanzen schon angewachsen sind, in das Terrarium gesetzt werden, um gleich in einem funktionierenden „Biotop“ artgerecht weiterleben zu können.
Artenschutz ist natürlich „Thema Nr. 1“, und nur Pflanzen, die aus Zuchten stammen, sind zu verwenden!

Die Deutsche Orchideengesellschaft (DOG e.V.) vermittelt Adressen geeigneter Orchideengärtnereien in Deutschland.

DOG e.V., Flößweg 11
D-33758 Schloss Holte – Stukenbrock
Telefon: 05207 - 920607 Fax: 05207- 920608

Vereinigung Deutscher Orchideenfreunde e.V.
1. Vorsitzender Roland Schettler
Döbelnerstraße 9, D- 44139 Dortmund
Tel: 0231 - 101825

Die Deutsche Bromeliengesellschaft:
Geschäftsstelle:
Pia Rösslein
Burgstaller Str. 21, 71737 Kirchberg/Murr
Tel: 07144 - 36639

Leider gibt es nur in den Niederlanden eine „Nederlandse Varenvereniging“ (Verein für Freunde von Farnen), die Pflanzen vermittelt und Sporen austauscht.

Sekretär: R. P. Huibers
Dwarspad 15, 1721 BP Broek op Langedijk
Tel. & Fax.: 0226 - 314443

Und hier noch einmal im Überblick:

Leicht zu kultivierende Orchideen, Bromelien und Farne, die sich auch für Anfänger eignen:

Orchideen:
Aerangis biloba, A. pumilio, A. rhodostricta

Angraecum distichum, A. germinyanum

Bulbophyllum acutum, B. ambrosia, B. antenniferum, B. careyanum, B. cernuum, B. lepidum, B. lobbii, B. makoyanum, B. mirum, B. nanopetalum, B. ovalifolium, B. putidum, B. sikkimense

Dendrobium aberrans, D. jenkinsii

D. filiforme, Dendrochilum glumaceum,

Haraella odorata

Leptotes bicolor

Mediocalcar decoratum

Neolauchea pulchella

Phaleanopsis cornu-cervi, P. equestris, P. parishii

Pleurothallis grobyi, P. prolifera, P. rowleei

Rodriguezia lanceolata

Bromelien:
Alle hier vorgestellten Bromelien sind für Anfänger geeignet, wenn genügend Platz und Licht im Terrarium vorhanden sind.

Farne:
Asplenium trichomanes, A. viviparum

Campyloneurum angustifolium

Davallia bullata, D. pentaphylla, D. pyxidata, D. trichomanes,

Hemionitis arifolia

Microgramma nitida, M. lycopodioides, M. vaccinifolium

Microsorum steerei

Polypodium vulgare

Pyrrosia lanceolata, P. lingua, P. piloselloides

Pleopeltis macrocarpa, P. percussa

Selaginella kraussiana

Literatur

BAENSCH, U. & U. BAENSCH (1994): Blühende Bromelien. Tropic Beauty Publishers, Nassau/Bahamas, 269 Seiten

COMBER, J. B. (1990): Orchids of Java. Bentham-Moxon Trust, Kew, Richmond, Surrey, 407 Seiten

DRESSLER, R. L. (1993): Field Guide to the Orchids of Costa Rica and Panama. Comstock Publishing Associates, a division of Cornell University Press, Ithaca and London, 374 Seiten

HOLTUM, R. E. (1966): A Revised Flora of Malaya. An Illustrated Systematic Account Of The Malayan Flora, Including Commonly Cultivated Plants. Vol. 2: Ferns of Malaya. Government Printing Office, Singapore, 627 Seiten

JONES, D. L. (1996): Encylopaedia of Ferns. An Introduction to Ferns, their Structure, Biology, Economic Imortance, Cultivation and Propagation. Timber Press, Inc., Portland, 433 Seiten

LELLINGER, D. B. (1989): The Ferns and Fern-allies of Costa Rica, Panama, and the Chocó. Band 1: Psilotacea through Dicksoniaceae. American fern Society, Inc., 364 Seiten

LEROY-TERQUEM, G. & J. PARISOT (1991) : Orchids. Care and cultivation. Sterling Publishing Co. Inc., New York, 200 Seiten

MCQUEEN, J. & B. MCQUEEN (1993): Orchids of Brazil. Text Publishing Company, East Melbourne, 200 Seiten

MORALES, J. F. (1998): Bromelias de Costa Rica. INBio / NORAD, Santo Domingo, 179 Seiten

MULDER, D. & T. MULDER-ROELFSEMA (1990): Orchids travel by air – a pictorial safari. Het Houten Hert, Wageningen, 143 Seiten

O'BYRNE, P. (1994): Lowland Orchids of Papua New Guinea. National Parks Board, Singapore Botanic Gardens, Singapore, 583 Seiten

OSPINA H., M. (1996): Orchids and Ecology in Colombia. Orquídeas Eldorado, Santafé de Bogota, 228 Seiten

PARRIS, B. S, R. S. BEAMAN & J. H. BEAMAN (1992): The Plants of Mount Kinabalu. Band 1: Ferns and fern allies. Royal Botanic Gardens, Kew, 165 Seiten

RAUH, W. (1970): Bromelien für Zimmer und Gewächshaus. Band 1: Die Tillandsioideen. Verlag Eugen Ulmer, Stuttgart, 359 Seiten

— (1973): Bromelien für Zimmer und Gewächshaus. Band 2: Die Bromelioideen und Pitcairnioideen. Verlag Eugen Ulmer, Stuttgart, 246 Seiten

RHODEHAMEL, W. A. (1993): A Masdevallia Cultural Guide. William Ames Rhodehamel, Indianapolis. 2. Aufl, 124 Seiten

RICHTER, W. (1976): Orchideen pflegen – vermehren – züchten. Verlag J. Neumann-Neudamm, Melsungen Berlin, Basel, Wien. Lizenzausgabe, vierte Aufl., 212 Seiten

RÖTH, J. (1991): Tillandsien - Blüten der Lüfte, Wilhelm Weber Neumann Verlag Radebeul, 216 Seiten

SCHLECHTER, R. (1923): Figuren-Atlas zu den Orchidaceen von Deutsch-Neu-Guinea (Fedde, Repertorium, Beiheft I), 1440 Tafeln. Band 21 aus der Reihe: Repertorium specierum novarum regni vegetabilis, hg. von F. FEDDE. Dahlem bei Berlin, Selbstverlag (1923 - 1928). Reprint durch Otto Koeltz Antiquariat, Koenigstein, 1973

SEIDENFADEN, G. (1990): Orchid Genera in Thailand VIII. *Bulbophyllum* Thou. Bishen Singh Mahendra Pal Singh, Dehra Dun, 228 Seiten. Aus der Reihe: Dansk Botanisk Arkiv, Bind 33, Nr. 3

SCHUITEMAN, A. (1997): Revisions of the Orchid Genera Agrostophyllum (Section Appendiculopsis), Mediocalcar – Bromheadia – Acanthephippium, Chrysoglossum, Collabium, Diglyphosa, Pilophyllum. 276 Seiten. Band 8 aus der Reihe: Orchid Monographs, hg. von E. F. DE VOGEL, Rijksherbarium / Hortus Botanicus, Leiden

STOLZE, R. G. (1981): Ferns and Fern Allies of Guatemala. Band 2: Polypodiaceae, 521 Seiten. Band 6 aus der Reihe: Fieldiana, Botany, New Series. Field Museum of Natural History

DAVIDSE, G., M. SOUSA & S. KNAPP (Hg) (1995): Flora Mesoamericana. Band 1: Psilotaceae a Salviniaceae. Universidad Nacional Autónoma de México, 470 Seiten

VERMEULEN, J. J. (1991): Orchids of Borneo. Band 2: Bulbophyllum. Bentham-Moxon Trust, Kew & Toihaan Publishing Company Sdn. Bhd., Kota Kinabalu, 342 Seiten

— (1993): A Taxonomic Revision of Bulbophyllum, Sections Adelopetalum, Lepanthanthe, Macrouris, Pelma, Peltopus, and Unicifera (Orchidaceae). 329 Seiten. Band 7 aus der Reihe: Orchid Monographs, hg. von E. F. DE VOGEL, Rijksherbarium / Hortus Botanicus, Leiden

WEE YEOW CHIN (1997): Ferns of The Tropics, Times Editions, Singapore, 190 Seiten

ZIMMER, K. (1986): Bromelien. Botanik und Anzucht ausgewählter Arten, Verlag Paul Parey Berlin und Hamburg, 168 Seiten

Natur und Tier - Verlag GmbH
An der Kleimannbrücke 39/41 · 48157 Münster
Telefon: 0251-13339-0 · Fax: 0251-13339-33
E-Mail: verlag@ms-verlag.de

www.ms-verlag.de